区域生态与环境过程系列丛书

基于RS/GIS的降雨条件下滑坡风险性评估研究

李巍岳　刘春　高峻　著

科学出版社

北京

内 容 简 介

本书介绍了降雨滑坡在中国的发生与分布的现状，并采用 RS 与 GIS 手段对降雨滑坡造成的风险进行评估研究。本书给出降雨滑坡数据收集、入库、制图以及可视化表达的过程，为揭示中国降雨滑坡分布的规律以及为降低滑坡风险提供科学的依据。

本书内容翔实、应用性强，是一本地理信息科学中技术与应用并存的参考书，适合滑坡灾害学研究人员和有关大专院校地理信息科学专业的师生阅读，也可供从事遥感监测以及地理信息系统的相关科技人员参考。

图书在版编目(CIP)数据

基于 RS/GIS 的降雨条件下滑坡风险性评估研究/李巍岳，刘春，高峻著. —北京：科学出版社，2016.9
(区域生态与环境过程系列丛书)
ISBN 978-7-03-050033-5

Ⅰ.①基… Ⅱ.①李… ②刘… ③高… Ⅲ.①滑坡-风险评价 Ⅳ.①P642.22

中国版本图书馆 CIP 数据核字(2016)第 231880 号

责任编辑：许 健
责任印制：谭宏宇 / 封面设计：殷 靓

科学出版社 出版
北京东黄城根北街 16 号
邮政编码：100717
http：//www.sciencep.com
南京展望文化发展有限公司排版
上海叶大印务发展有限公司印刷
科学出版社发行 各地新华书店经销
*
2016 年 9 月第 一 版 开本：B5(720×1000)
2016 年 9 月第一次印刷 印张：9 插页 8
字数：200 000

定价：86.00 元

(如有印装质量问题，我社负责调换)

区域生态与环境过程系列丛书
序言

“十八大”以来，党中央高度重视生态文明建设。中共十八届五中全会强调，实现“十三五”时期发展目标，破解发展难题，厚植发展优势，必须牢固树立并切实贯彻创新、协调、绿色、开放、共享的发展理念。同时提出：坚持绿色发展，必须坚持可持续发展，推进美丽中国建设，为全球生态安全做出新贡献。构建科学合理的城市化格局、农业发展格局、生态安全格局、自然岸线格局，推动建立绿色低碳循环发展产业体系。推动低碳循环发展，建设清洁低碳、安全高效的现代能源体系，实施近零碳排放区示范工程。加大环境治理力度，深入实施大气、水、土壤污染防治行动计划，实行省以下环保机构监测监察执法垂直管理制度。筑牢生态安全屏障，坚持保护优先、自然恢复为主，实施山水林田湖生态保护和修复工程，开展大规模国土绿化行动，完善天然林保护制度，开展蓝色海湾整治行动。

作为我国经济最发达、城市化速度最快的地区，长江三角洲（简称“长三角”）城市群业面临着快速城市化所带来的一系列环境问题。快速城市化的过程常伴随着土地覆被、景观格局的变化而改变了固有下垫面特征，在城市中形成了特有的局地气候，导致城市热岛及极端天气的频繁发生，严重危害人们的生命财产安全。此外，工业化过程所引起的大量化学物质的使用和排放更对区域生态环境造成了莫大的威胁。快速城市化过程中所出现的环境问题，其核心还是没有很好地尊重自然，没有协调人-地关系，没有把可持续发展作为区域发展的最核心问题来对待。因此，我们需要在可持续发展思想的指导下，进一步加强城市生态环境研究，以促进上海及长三角区域的可持续发展。

上海师范大学是上海市重点建设的高校，环境科学是上海师范大学重点发展领域之一。1978 年，上海师范大学成立环境保护研究室，开展了长江三峡大坝环境影响评价、上海市 72 个工业小区环境调查、太湖流域环境本底调查和崇明东滩鸟类自然保护区生态环境调查等工作，拥有一批知名的环境保护研究专家。经过三十多年的发展，上海师范大学现在拥有环境工程本科专业、环境科学硕士点专业、环境科学博士点专业和环境科学博士后流动站，设立有杭州湾生态定位观测站等。2013 年，上海师范大学为了进一步加强城市生态环境研究，成立城市发展研究院。城市发展研究院将根据国家战略需求和上海社会经济发展要求，秉承“开放、流动、竞争、合作”原则，进一步凝练目标，整合上海师范大学学科优势，以前沿科学问题为导向，以社会需求和国家任务带动学科发展，构建创新型研究平台，开拓新的学科发展方向，建立国际一流的研究团队，加强国际科研合作，更好地为上海建设现代化国际大都市提供智力支撑。城市发展研究院将重点在城市遥感与环境模拟、城市生态与景观过程、城市生态经济耦合分析等领域开展研究工作。通过城市发展研究院的建立，充分发挥上海师范大学在地理、环境和生态等领域的学科优势，将学科发展与上海城市经济建设和社会发展紧密结合，进一步凝练学科专业优势和特色，通过集成多学科力量，提升上海师范大学在城市发展研究中的综合实力，力争使上海师范大学成为我国城市研究的重镇和政府决策咨询的智库。

该丛书集中展现了近年来城市发展研究院中青年科研人员的研究成果，既涵盖了城市污泥资源化的先进技术、新兴污染物的迁移转化机制及科学数据应用于地球科学的挑战，也透过中高分辨率遥感与卫星遥感降水数据，分析极端天气的变化趋势及变化区域，通过反演地表温度，揭示城市化过程中地表温度的时间维、空间维、分形维的格局特征，定量分析了地表温度与土地覆被、景观格局、降水和人口的相关关系。同时从环境变化和区域时空过程的视角，对城市环境系统的要素、结构、功能和协调度进行分析评价，探讨人类活动影响对区域生态安全的影响及其响应机制，促进区域环境的可持续发展。该系列丛书有助于我们对城市化过程中的区域生态、城市污泥资源化、新兴污染物的迁移转化、滑坡灾害防治、景观格局变化、科学数据共享、环境恢复力以及城市热岛效应等方面有更深入的认识，期望为政府及相关部门解决城市化过程中的生态环境问题和制定相关决策系统提供科学依据，为城市可持续发展提供基础性、前瞻性和战略性的理论及技术支撑。

上海师范大学城市发展研究院院长

院士

2016 年 6 月于上海

前　言

滑坡作用过程属于一种自然地质现象,它是指大量山体物质受降雨、地震及洪水等外在因素的诱导,在重力作用下沿着其内部的一个滑动面突然向下的过程。目前,随着全球气候和环境的变化,同时受人为因素的影响,滑坡灾害的发生更加频繁,严重地威胁人们的生命及财产安全。中国是一个滑坡频发的国家,特别是降雨滑坡,占到了总滑坡数的90%左右。每年雨季,中国南方的许多地区受滑坡威胁严重,因为滑坡造成的人员伤亡及财产损失居高不下。因此,寻求一套合理快速的滑坡风险分析理论体系,是对滑坡灾害评估及预警预测的关键。

RS与GIS技术的兴起,为滑坡灾害在监测、海量数据处理及管理、分析、预报预警等方面提供了新的工具。鉴于此,本书立足于降雨条件下的滑坡风险分析,采用RS与GIS技术手段,归纳总结出一套合理可行的滑坡风险分析方案。本书包括两个部分:第一部分是滑坡的基础知识,第二部分是降雨滑坡风险性的评估研究。

主要研究内容如下。

(1) 中国滑坡历史数据收集、管理及分析。利用从媒体报道、统计年鉴以及中国的网络数据库中筛选出的从1949年新中国成立到2011年的1 221个信息完整的典型滑坡事件数据,进行分类编目。采用Google Fusion Tables及Google Maps API技术,开发了网络版中国滑坡数据库系统,实现Google云平台对滑坡空间数据的查询、分发、更新、可视化等应用功能,突破了现有滑坡网络单纯靠文字及图片描述滑坡的模式,实现了滑坡空间与属性信息的统一。在区域地质环境分区基础上,总结出中国典型滑坡的分布、死亡人数及经济损失,重点分析降雨滑坡在中国的分布规律及对相应人群的威胁程度。

(2) 基于RS技术的滑坡关键影响因子的提取。重点介绍降雨滑坡最重要的两个因子的提取:DEM与降雨。DEM根据分辨率的需求不同,RS所选择的平台不同。研究中以机载LiDAR点云数据及航空遥感影像结合为例,分析DEM获取的过程及其在滑坡风险分析中的应用;来自卫星遥感的降雨产品有许多种类型,研究中比较分析目前较为常用四种降雨产品的精度及分辨率,最终选择TRMM 3B42系列降雨产品作为降雨的获取数据。同时,利用TRMM 3B42 V7数据及典型区滑坡记录,拟合出降雨强度阈值与降雨持续时间的关系曲线。

(3) 中国尺度降雨滑坡风险分析。详细分析引起滑坡的主要内部因子:岩性、凹凸性、坡度、坡向、高度、土壤类型、植被覆盖度、水系及断裂带分布,并结合前面获取的滑坡历史数据，构建出中国滑坡敏感性的 BP 神经网络模型，得到滑坡敏感性分布图，分析中国公路、铁路及居民点的滑坡风险性。同时，结合收集到的 TRMM 3B42 V7 数据，绘出降雨滑坡的危险性等级分布图，并根据拟合得到的降雨强度阈值与降雨持续时间的关系曲线，分析短期降雨的滑坡分布规律。

(4) 区域尺度降雨滑坡风险分析。从饱和-非饱和土壤降雨入渗规律入手，详细介绍区域滑坡风险分析中用到的 4 个滑坡物理模型，比较分析得出 SLIDE 模型在本书中的适用性，并在该模型原理基础上，开发出界面版的 Ma - SLIDE 运行软件。以四川省理县境内的某次滑坡事件为例，结合前面介绍的 TRMM 3B42 V7 降雨数据，分析 SLIDE 模型的适用性。同时，将前期得到的滑坡经验模型与物理模型结合，以我国的 3 个典型降雨滑坡为例，阐述滑坡时空风险分析的可行性与应用价值。

本书的作者有李巍岳、刘春、高峻，其中李巍岳编写了大部分章节并负责全书统稿，其他作者编写了部分章节并对本书提供了有价值的指导。

本书得以完成，除了要感谢诸多专家提供的宝贵建议与支持外，还需要感谢国家自然科学基金(41501458)、中国博士后科学基金(2016M592860)、科技部国家重点研发项目(2016YFC0502726)、上海市高峰高原学科建设项目以及上海师范大学科研项目(SK201525)在经费上的支持。

由于作者才疏学浅，书中难免会有疏漏与错误之处，还望读者批评指正。

作　者

2016 年 5 月

目　　录

第一篇　滑坡的基础知识

第1章　绪　　论

1.1　滑坡的定义

“自然灾害”是人类依赖的自然界中发生的异常且不可避免的现象，它给人类社会造成了严重的危害，主要包括：地震、火山喷发、滑坡、台风、洪水、土地侵蚀、土地沙漠化、水污染等，这些灾害与环境破坏、人类生命安全有着复杂且密切的联系（徐邦栋，2001）。其中，滑坡灾害所造成的人员及财产的损失往往列于其他自然灾害损害之首（Brugioni et al.，2001）。据2013年中国地质灾害通报显示，2013年中国共发生地质灾害15 403起，其中滑坡9 849起、崩塌3 313起、泥石流1 541起、地面塌陷371起、地裂缝301起和地面沉降28起，滑坡占地质灾害总数的63.9%（图1.1）。

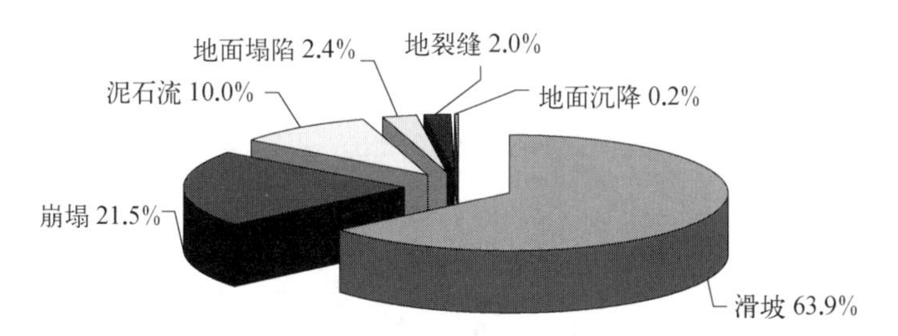

图1.1　2013年中国地质灾害类型构成（来自2013年地质灾害通报）

滑坡是指大量的山体物质在重力作用下，沿着其内部的一个滑动面，突然向下滑动的自然现象，它由多种外界因素刺激发生，如地震、火山、河流冲刷、融雪、降雨及人类活动等（肖和平等，2000；杜继稳，2010）。尤其是大型滑坡所引起的其他次生灾害的破坏力甚至远远超过它的直接破坏力。近些年来，受全球气候变化异常的影响，山洪滑坡灾害频发，每年因滑坡灾害造成的经济损失近百亿美元，导致数千人伤亡，如美国在20世纪70年代，滑坡造成的经济损失每年达10亿美元，防灾减灾费用更是惊人。2005年10月8日的克什米尔大地震所造成的87 350死亡人数中有25 500人死于由地震所诱发的地质灾害（Dunning et al.，2007）。2008年汶川地震罹难人数达69 130人，其中地震引发的大量山体滑坡是最主要的灾害之一。

中国滑坡发生密度大、频度高、分布范围广。Petley（2012）统计了近40个易发生滑坡国家及地区在2004～2010年7年之间主要滑坡的次数及死亡人数（图

1.2)，可以看出，亚洲是滑坡的多发地段，包括17个国家：中国、菲律宾、印度、印度尼西亚、巴基斯坦、尼泊尔、越南、孟加拉国、缅甸、日本、泰国、斯里兰卡、塔吉克斯坦、韩国、阿富汗、马来西亚、不丹。中国因为滑坡造成的死亡人数为6 860人，排在第一位；而印度的主要滑坡次数为393起，明显高于其他国家。中国地质灾害调查报告表明，受潜在地质灾害困扰的中国县级城镇达400多个，有1万多个村庄受到滑坡、崩塌、泥石流等灾害的威胁(殷坤龙等，2010)。特别是在南方和西北数省的70市县中分布有9万多处滑坡隐患，几千万人常年生活在滑坡的威胁之下，滑坡灾害平均每年导致数千人死亡和上百亿的财产损失(Zhou et al.，2005)。据中国地质灾害通报显示，2012年，全国共发生地质灾害14 322起，其中滑坡10 888起，占到了总灾害的76.0%。滑坡对人类的危害主要有四个方面：① 对居民点的危害；② 对公路、铁路的危害；③ 对水利、水电工程的危害；④ 对矿山的危害(李长江等，2008)。

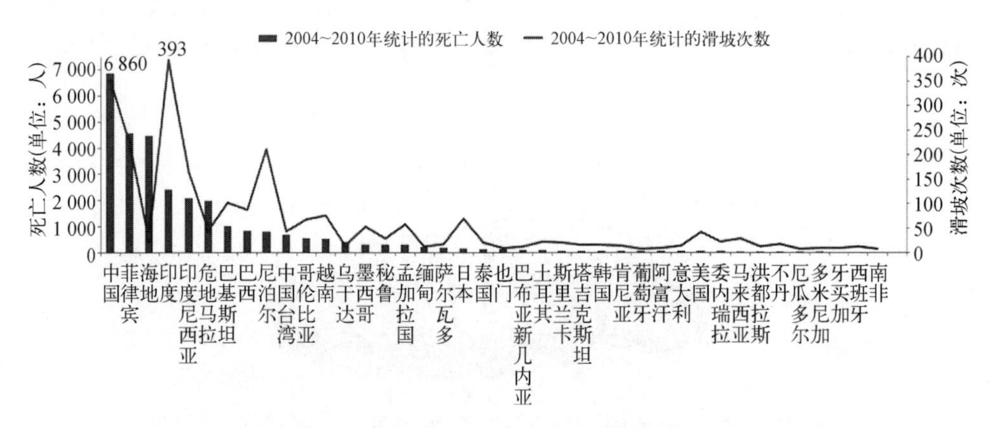

图1.2 2004～2010年间易发生滑坡的国家及地区主要滑坡次数及死亡人数(Petley，2012)

滑坡主要诱发的原因是降雨，在中国，降雨诱发的滑坡占滑坡总数的90%左右(李媛等，2004)。据中国地质灾害通报显示，2009～2012年4年间，中国共发生特大型滑坡、泥石流142起，其中2010年、2012年分别为34起与72起，泥石流通常都会伴有滑坡产生。这142起滑坡与泥石流事件中，95%以上属于降雨诱导产生。(注：据《地质灾害防治条例》，因灾死亡30人以上或者直接经济损失1 000万元以上的为特大型地质灾害)。

这个阶段，典型的降雨诱导滑坡事件有以下几个案例。

2009年7月23日凌晨2时57分，由于局地强降雨，四川省甘孜藏族自治州康定县(今康定市)舍联乡干沟村响水沟发生特大泥石流灾害。泥石流直接穿过并掩埋了位于沟口的长河坝水电站的工地宿舍区，共造成16人死亡、38人失踪、4人受伤，冲毁和掩埋省道211线近千米(图1.3)。

2010年6月28日14时左右，受持续强降雨影响，贵州省关岭布依族苗族自治

图 1.3 四川省甘孜藏族自治州"7.23"泥石流冲毁水电施工工棚和道路
（来自 2009 年中国地质灾害通报）

县岗乌镇大寨村发生特大山体滑坡，导致大寨村遭受灭顶之灾，造成 42 人死亡、57 人失踪。此次滑坡呈现高速远程滑动特征，下滑的岩土体前行约 500 m 后，与岗乌镇大寨村永窝组所处的一个小山坡发生剧烈撞击，偏转 90°后转化为碎屑流呈直角形高速下滑（图 1.4）。

图 1.4 贵州省关岭布依族苗族自治县岗乌镇滑坡（来自 2010 年中国地质灾害通报）

2010 年 8 月 8 日 0 时 12 分，甘肃省舟曲县城区及上游村庄遭受特大山洪泥石流灾害，造成 1 501 人死亡、264 人失踪。2010 年 8 月 7 日 23～24 时，舟曲县城北部山区三眼峪、罗家峪流域突降暴雨，1 小时降雨达到 96.77 mm，半小时瞬时降雨量达到 77.3 mm。短时超强暴雨在三眼峪、罗家峪两个流域分别汇聚成巨大的山洪，由北向南冲向县城，造成沿河房屋被冲毁，泥石流阻断了白龙江，形成了堰塞湖。

2010年9月21日0～10时，台风“凡亚比”造成了广东省高州市和信宜市交界地区的马贵、古丁、大坡、深镇、平塘五镇强降雨，从而引发了群发性山体崩塌、滑坡和泥石流灾害，共造成了21人死亡、12人失踪、5人受伤。

2011年9月17日14时10分，陕西省西安市灞桥区席王街道石家道村白鹿塬北坡由于持续降雨发生特大黄土滑坡灾害。据气象资料显示，9月1日至17日该区域累计降雨量达284.5 mm，灾害规模达2.4×10^5 m^3土方量，共造成32人死亡、5人受伤，直接经济损失达5 200万元(图1.5)。

图1.5 陕西灞桥区黄土滑坡(来自2011年中国地质灾害通报)

2012年8月29日下午18时至30日凌晨，四川省凉山彝族自治州突降暴雨，木里藏族自治县、盐源县、冕宁县三县交界处的锦屏水电站施工区发生群发性滑坡、泥石流灾害100余处，共造成24人死亡失踪、2人受伤。其中，工程区施工人员死亡失踪10人、工程区外围村民死亡失踪14人(图1.6)。

2012年10月4日上午8时10分，云南省彝良县龙海乡田头小学发生滑坡灾害，滑坡造成了19人死亡(包括学生18人、当地村民1人)、1人受伤。滑坡损毁小学教室3间、村民房屋9间。滑坡的原因是由于持续降雨，当地岩土体逐渐饱和，抗剪强度降低，松散土与基岩接触面失稳。

以上的这些降雨滑坡事件让人触目惊心，同时也表明，降雨多的年份滑坡灾害明显要多于降雨少的年份。这些大型、特大型降雨滑坡总体的特点是体积大、势能高、危害对象多，同时降雨滑坡还具有突发性的特点，结果往往造成严重的损失。不仅威胁到当地居民的生命财产，还严重地影响工厂、矿山、铁路、公路等重要的基础设施。因此，对降雨滑坡风险分析研究，既有利于加深对降雨滑坡发生、演变及防治措施的认识，又能充分利用其规律来指导灾害地区规划及基础设施的建设，最终达到防灾减灾的目的。这项研究具有重要的理论价值和现实意义。

图1.6 锦屏水电站大型群发性滑坡、泥石流(来自2012年中国地质灾害通报)

1.2 滑坡风险

1.2.1 滑坡风险定义

“风险”一词的英文是“risk”,来源于古意大利语“riscare”,英译为“To dare”(敢),是指冒险并与利益相关的主动行为。根据国际岩土力学和地质工程协会(2005)编著的《滑坡风险评价术语表》(Fell et al., 2005),风险被定义为生命、财产或者环境造成的影响事件的严重性和可能性的度量。在数量上,风险等于危险与潜在损失价值的乘积,这也可以表述为不利事件发生所造成的损失结果与事件发生概率的乘积。不同地域由于地形、区位、植被、地貌、水文等差异,会有不同形式的灾害发生。任何形式的灾害都有一定的风险,不同的灾害所造成的风险大小程度不同。

国外开展滑坡风险研究工作较早,研究体系已经基本形成,针对不同类型的滑坡风险也给出了明确的定义,其内容和形式大同小异。但国内的研究较为滞后,对滑坡风险的定义和分析都还比较模糊(吴彩燕和王青,2012)。大量的文献中对地质灾害风险的定义比较倾向于联合国人道主义事务部给出的表达形式:

$$风险=危险性\times易损性$$

套用到滑坡风险的定义应该为滑坡发生的危险性和滑坡损失的可能性的综合评价。还有一种更为普遍的表示形式,即用非乘积的形式对概率和损失的比较。

1.2.2 滑坡风险分类

地质灾害风险研究的类型较多,出现过多种分类名词。要准确地从滑坡风险研究的先后来定义,首先需要对这些已出现的风险研究名词进行分类。在充分认识风险定义的基础上,给出较为完整的滑坡风险分类情况。我们根据国内外的研究,将滑坡风险研究分为 5 类。

(1) 滑坡风险分析。该类研究是滑坡风险研究的初级阶段,它是对研究区是否存在滑坡进行定性分析(吴彩燕和王青,2012),如滑坡是否发生及是否存在承灾体等。本书的重点就是进行中国滑坡风险分析的研究,它能够为后期滑坡评估、预警及管理提供有力的依据。涉及的研究范围有:滑坡的发生概率、滑坡致灾因子、滑坡分布、滑坡危险性等级、滑坡稳定性分析以及是否存在承载体等方面。

(2) 滑坡风险评价。经过滑坡分析阶段后,根据滑坡危险性和承载体易损性的分析结果,采用相应的技术对可能存在滑坡风险的区域、风险的规模、发生风险的可能性(概率)以及滑坡风险的分布范围进行定量或半定量的评价。

(3) 滑坡风险评估。在前两步的基础上,为政府决策者和灾区人民做出滑坡灾害的危害、可能造成的人员伤亡及财产损失的全面预测,说明可能成灾的类型、分布的范围、灾害损失的程度等。

(4) 滑坡风险区划。滑坡风险区划在于对研究区滑坡风险的空间分布、等级、发生概率等做出划分和评价,为滑坡风险评估提供条件。

(5) 滑坡风险管理。针对滑坡灾害可能出现的风险,政府决策者应对滑坡风险预先制定处理方案和防御措施。

1.3 国内外研究现状

1.3.1 总体概况

滑坡灾害风险研究目前是国际滑坡研究领域的前沿课题之一,虽然该领域的研究历史较短,但取得的成果明显,目前正在成为新的研究热点(殷坤龙等,2010)。

自 20 世纪 80 年代初,有些学者开始了对滑坡灾害风险的研究(Brabb, 1984; Varnes, 1984),当时的研究还多属于滑坡灾害敏感性制图分区与土地利用或与规划相结合的土地利用适宜性分区,对滑坡风险分析的研究处于对基本研究术语、基本研究方法的探索阶段。

随着国际减灾十年计划(1990~2000 年)行动的展开,滑坡灾害的风险研究迅速发展,各类滑坡风险防御计划及学术专题会议相继制定与召开。1995 年,法国提出了风险防御规划(PPR 计划),规划的主要内容为对城市和乡村分别进行1∶10 000和1∶25 000的滑坡风险图绘制,绘制的滑坡图以定性的描述不同等级的滑坡分布。1996年,“第一次国际滑坡灾害风险评估会议”在挪威的特隆赫姆召开,会议主要围绕滑坡风险研究中的基本术语规范化、风险评估可接受水平标准、生命财产易损性预测等方面展开。第二年,在美国夏威夷召开了“第二次国际滑坡灾害风险评估会议”,会议的主要议题为斜坡与滑坡风险定量评估的总体框架与思路,主要包括:滑坡发生概率的定量与半定量评估、滑坡风险制图研究、滑坡风险管理等。1998年,“第一届中日风险评估和管理学术研讨会”在中国北京召开,会议的主要议题为各类自然灾害风险研究,这次会议引起了中国灾害领域学者的普遍关注。同年5月,发生在意大利的一次强暴雨引发的地质灾害导致了160多人的死亡事件,意大利政府于6月制订了专门对滑坡灾害的制度,要求在全国范围内进行滑坡灾害调查及灾害风险制图。2000年,澳大利亚在国家灾害基金资助计划“滑坡风险管理和边坡管理、维护”中,提出了几个研究方向:滑坡灾害的可能性、滑坡危险性区划、斜坡风险管理及系统应用等(Leventhal and Withycombe,2009)。

近20年来,滑坡风险研究的特点已由过去的单体滑坡描述、分类治理发展到以定性定量描述为基础的预测预报研究,真正作为灾害进行研究则是近10年来的事情(谢全敏等,2008)。2002年不稳定边坡计划与管理国际会议(International Conferences on Slope Instability: Planning and Management)在英国的文特诺召开;2003年基于滑坡风险转移的灾害预测与防治国际会议在意大利那不勒斯召开;2005年滑坡风险管理国际会议在加拿大温哥华召开,出版了题为“滑坡风险管理”会议论文集;2006年1月,国际滑坡协会在日本东京召开了圆桌会议,其主题为“在联合国国际减灾战略框架(以滑坡为主)下,加强地球风险分析和可持续灾害管理研究和交流”,同时形成了较为著名的“2006年东京行动计划”(2006 Tokyo Action Plan)。该计划内容包括:国际滑坡计划(International Program of Landslide, IPL)框架的诞生;促进国际滑坡计划的全球协作及发展(包括滑坡灾害监测与预警、滑坡灾害制图、易损性与风险评估),防灾能力的建立(制度、体系的建立、灾害知识宣传),灾害防御等;2007年1月,IPL全球促进委员会在日本东京召开了滑坡风险分析与灾害管理会议,会议提出了滑坡风险教育和滑坡风险重要性的认识,着眼于学校教育方面,从降低人口易损性的角度来降低滑坡灾害的人口风险,达到防灾减灾的目的。美国地质调查局(United States Geological Survey, USGS)在滑坡灾害计划(Landslide Hazards Program, LHP)2006～2010年的5年规划中,为满足国家滑坡减灾战略的要求,USGS强调继续加强与各级政府之间的合作,提出了以科学进步、技术整合及转让、滑坡制图及监测、风险评估和综合减灾为主要内容的滑坡减灾战略。中国的香港地区对滑坡风险分析的研究在世界上处于比较领先的地位，对于滑坡灾害风险研究已经发展到了大比例尺(1∶2 000以上)单体滑坡的风险评价，并建立了切坡分级系统，用于特定承载体的决策管理(Hungr et al.，2005)。

中国内地对灾害风险的研究起步较晚，针对滑坡灾害风险的专门会议还没有召开过，但有关自然灾害的评估研究的学术会议已召开过多次。例如，1991年召开了全国灾害经济损失评估学术会议；1997年，全国滑坡灾害经济学术研讨会召开；此外，中国地质调查局连续几年组织主办的涉及滑坡风险内容的地质灾害培训班等。目前中国学术界关于地质灾害风险研究多集中于基本概念、基本原理方法的分析与探讨，以及特定地区的风险预测研究。

尽管各国所采用的滑坡风险分析方法不尽相同，但研究的方向具有共同之处，研究领域主要集中在滑坡区划制图、滑坡概率及风险评估、滑坡空间预测等。

1.3.2 RS与GIS在滑坡风险分析中的研究现状

2000年以来，随着滑坡成因机制的深入研究和以遥感(remote sensing，RS)、全球定位系统(global positioning system，GPS)、地理信息系统(geographic information system，GIS)的“3S”技术以及空间数据基础设施(spatial data infrastructure，SDI)为主的空间信息学和对地观测技术的应用，滑坡风险分析获得了新的研究手段，特别是GIS、RS技术为滑坡风险分析的数据获取、分析、管理、空间建模及模拟提供了新的工具。针对RS、GIS在滑坡风险分析中的国内外研究主要包括以下几个方面。

(1) 对地观测技术在滑坡风险分析研究中的应用。随着RS多源传感器在空间分辨率、时间分辨率、辐射分辨率及光谱分辨率方面的发展，滑坡数据的获取、探测、识别、监测等方面的手段多样化。部分学者采用高分影像(航片或高分卫片)研究滑坡体表面辨识及体积变化、岩层裸露及植被覆盖、滑坡体三维建模等情况(Hervas et al.，2003；Chadwick et al.，2005；Schwab et al.，2007；王治华，2012)。部分研究采用多时相的遥感影像来监测滑坡运动以及造成的土地利用变化情况，例如，Squarzoni等(2003)收集了1993～1997年加拿大艾伯塔省的ERS-1和ERS-2雷达干涉影像，监测了当地的滑坡运动。Cheng等(2004)利用多时相的SPOT影像及航空相片分析了台湾岛中部滑坡的识别及演变过程；宋杨等(2006)利用多时相TM遥感影像与DEM数据以及基础地质资料，综合分析了新滩地区1959年与1986年两个时段滑坡前后的体积变化情况。部分研究针对滑坡敏感性制图与分析方面，例如，Ayalew与Yamagishi(2005)采用逻辑回归方法对航片及DEM提取的因子进行滑坡敏感性制图。Demoulin与Chung(2007)利用航空相片及生成的DEM辨识了研究区域的滑坡因子：岩性、坡度、坡向和高程等。Schulz(2007)利用机载激光雷达(light detection and ranging，LIDAR)数据结合滑坡历史资料对美国西雅图地区进行了滑坡敏感性制图分析。部分研究采用合成孔径雷达(synthetic aperture padar, SAR)技术研究滑坡造成的地表变形解译和长期滑坡灾害评估(Metternicht et al., 2005; Noferini et al., 2007)。同时,采用新的永久散射体(permanent scatterer, PS)、角反射器增强技术和合成孔径雷达差分干涉法(differential interferometry synthetic aperture padar, D-InSAR)技术提高了滑坡监测的进度,特别是在当图像具有连续性及几何校正等条件时,InSAR在大规模滑坡制图和监测中十分有效(Liao et al., 2012; Lu et al., 2013)。

(2) GIS在滑坡风险分析中的应用。利用GIS技术开展滑坡风险分析的研究包括数据获取与管理、分析建模、滑坡制图、滑坡预警决策信息系统等。数据获取与管理是任何一个滑坡研究的关键步骤,数据的可获取性是决定研究成败的关键。对于滑坡风险分析,其涉及的数据主要包括遥感影像数据,基础地质、土地利用、地形图等现有数据,滑坡编录数据,野外实地调查数据,土力学试验参数以及降雨、地下水水位等动态诱导因素数据。例如,Kirschbaum等(2010)在新闻报道、网上期刊和报纸中收集了全球2003年、2007年及2008年3年的全球滑坡数据,建立了具有GIS空间分析功能的滑坡编目数据库,阐述了全球典型滑坡的分布规律。Huang等(2011)利用收集到的1900~2010年200条中国典型滑坡记录,分析了滑坡分布与地形、地质结构、气候及地震等因素的关系,将中国滑坡区分成了12个区域,其中包括4个高滑坡敏感区、7个中滑坡敏感区及1个低滑坡敏感区。

分析建模研究主要是指GIS与滑坡灾害空间预测的统计模型、网络模型、非线性模型、人工智能模型等定性半定量模型以及确定性模型和动态建模方法(如蒙特卡罗方法、三维有限元方法等)的整合。例如,Temesgen等(2001)利用GIS空间分析技术与风险评估模型[0,1]研究了滑坡灾害与致灾因子之间的统计关系。兰恒星等(2002)采用确定性系数(CF)多元回归模型,分析了云南小江流域滑坡影响因子的敏感性,并制作了研究区滑坡危险等级分区图。王志旺等(2006)采用逻辑回归方法结合GIS空间分析功能对长江三峡库区秭归-巴东一带进行了滑坡危险性定量评价。Kaynia等(2008)通过简化的概率估计方法来研究滑坡风险分析,给出了滑坡因子不确定性的强度分布及参数。王杰等(2011)基于线性代数中QR分解理论,提出了一种用高次多项式拟合滑坡致灾因子与危险性间关系的算法,融合了层次分析法与条件概率模型,建立了一种改进的GIS区域滑坡危险性评价模型。

GIS技术在滑坡制图方面的应用主要包括:滑坡空间范围分布图、滑坡预测和时空分布图以及滑坡灾害风险评估图(Chacón et al., 2006)。① 滑坡空间范围分布图主要描述滑坡程度相近或滑坡过程相似的分区图,例如,滑坡数量分区图、滑坡敏感性分布图、滑坡稳定性分布图等。较为典型的研究有:Valadão等(2002)

利用航空影像图及野外勘测数据，并结合滑坡地貌形态的辨识，基于GIS技术绘制了葡萄牙亚速尔群岛圣米格尔岛的滑坡空间分布图。Kirschbaum等(2012)利用收集到的2007～2010年四年的全球滑坡数据，并根据死亡人数进行分类，制作了全球滑坡等级空间分布图。Hong等(2007)通过RS与GIS手段，提取了地质、地貌、土壤、土地利用、水文以及人类影响等滑坡影响因素，制作了全球25 km分辨率的滑坡敏感性图，并将全球的滑坡敏感性根据大小分为7类。Liu等(2013)利用SRTM DEM、MODIS及相应的统计数据得到的植被覆盖图、地貌、岩性、水系及地震带数据，结合中国近60年的滑坡记录，通过BP神经网络训练，得到了9个滑坡因子的权重，最后绘制了中国1 km滑坡敏感性栅格图。滑坡稳定性分布主要是依据某些区域斜坡稳定性模型结合GIS来进行研究，得到的结果一般是某些区域的滑坡稳定性分布图(Karssenberg, 2002;武利，2012;Pack et al., 2013)。② 滑坡预测和时空分布图主要通过滑坡发生概率的统计，定量化地描述滑坡作用的空间分布与时间的关系。这方面的研究主要有：Corominas等(2003)通过GIS对比利牛斯山山脉的安道尔市进行了滑坡敏感性综合分析，对滑坡事件与降雨时间序列进行了时空统计分析。李秀珍等(2005)提出了一套基于GIS技术的滑坡综合预测预报信息系统的理论，该系统利用智能决策模型及监测资料实现了滑坡时空定量预报及可视化制图的功能。许冲和徐锡伟(2012)以GIS与支持向量机(support vector machine, SVM)为基础，开展了基于不同核函数的地震引起的滑坡空间预测及制图研究。③ 滑坡灾害风险评估是用来分析滑坡造成的后果(财产损失、人员伤亡和服务设施破坏)及区域损失(Spieker和Gori, 2003)。这方面的研究主要围绕滑坡灾害破坏性统计及评价来进行，例如，Remondo等(2004)利用历史灾害资料进行滑坡灾害评价和风险填图。Wu等(2004)发表了"三图"法理论，包括"固有脆弱性""特定脆弱性"和"灾害图"，他们采用GIS和人工神经网络(artificial neural networks, ANN)相结合对自然因素进行分析，得到了"固有脆弱性"；将GIS和层次分析法(analytic hierarchy process, AHP)相结合，得到了"特定脆弱性"；通过GIS的空间分析功能，将"固有脆弱性"和"特定脆弱性"图层叠加，得到了"灾害图"，灾害图考虑了灾害对人类的影响。高华喜和殷坤龙(2011)基于GIS技术并结合滑坡风险评价的基本要求，将湖北省巴东县划分为极高、高、中、低与极低滑坡风险区，提出了可接受风险标准与管理对策。

滑坡决策信息系统是涉及地质、地貌、气象、人文、人类活动和工程建筑等诸多研究领域的一个庞大而复杂的多元信息综合分析过程。近些年来的研究，已由过去的单个滑坡灾害的现象描述、分析、稳定性评价发展到了以定性、定量描述相结合的综合评价、预测预报和防治研究体系。随着RS、GIS技术的发展，滑坡灾害信息决策信息系统获得了快速的发展，使滑坡灾害空间数据的动态分析、处理、预测评价、监测预警和信息管理、数据信息转换等方面取得了突破性进展。Macro和

Paolo(2000)开发了采用GIS技术与多源传感器相结合的滑坡智能决策系统,该系统主要通过实时监测的1 000个传感器数据(位移计、倾斜仪等)来预警及决策意大利北部的阿尔卑斯山脉地区的滑坡。徐兴华等(2010)以GIS和Surfer为基础平台,有效耦合了动态分析、变化规律预测及滑坡稳定性等功能模块,开发了滑坡灾害综合评判决策系统。Lu等(2013)开发了一种室内多源传感器滑坡监测及决策信息平台,该研究将传感器获取的数据通过3G网络存储到后台的服务器中,并整合了GIS可视化功能,实现了后台数据的实时监测及预警。

针对RS与GIS,以及GPS的综合滑坡监测与评估的研究也逐渐地形成,特别是接触多源传感器网路,形成空-天-地一体化的系统监测与评估技术是目前研究的热点。2003～2005年法国启动了国家层面的多学科滑坡综合研究计划“SAMOA”,由法国8家研究机构参与,围绕四个方面攻关:① 推进多学科(遥感、地球物理、水文地质、地球化学、岩土工程、地貌学)的滑坡监(探)测研究;② 检验并提高探测滑坡的三维结构复杂性和监测滑坡随时间变化的各类方法;③ 建立适合于不同滑坡类型(岩质滑坡、土质滑坡等)多尺度多学科的研究平台,共享不同学科的研究资源;④ 在典型滑坡点,开展立体观测,建立多源观测数据库,为滑坡研究提供高质量数据。数据内容包括坡体的几何形态、坡体运动随时间及空间的分布、内部三维结构、流变学结构及地下水文数据。SAMOA项目对岩质滑坡和土质滑坡进行了深入观测与研究,取得了显著的成果:通过遥感及地球物理方法,获得了两个滑坡的三维结构(Jongmans et al.,2007);基于地震学及遥感方法,得到了从0.1 s到数年尺度的形变场(Amitrano et al.,2007);通过地球化学及水文地质学方法得到坡体内部水的驻留时间(Bogaard et al.,2007)。研究表明,遥感、地球物理、地震学、地球化学和水文地质学等研究手段与技术相互适应性很好,可联合使用,并具有推广意义(Malet et al.,2007)。以上研究成果以专辑的形式发表于2007年《法国地质学报》上,得到国际滑坡界的重点关注,为多学科滑坡研究提供了范例。该研究计划首次实现了地质学(含工程地质、地貌学)-地球物理学-岩土工程学多学科多手段的联合探(观)测,引领了当今国际滑坡研究的热点前沿。

同济大学刘春教授课题组2014年自主开发了空-天-地一体化的滑坡立体监测平台(图1.7),该平台的研究区域为四川省理县通化乡的某处山体。通过卫星、航空、地面等多种平台对滑坡体进行多时相多角度的观测:卫星平台中包括不同光谱及分辨率的卫星;航空平台以无人机为主;地面平台中包括目前较为先进设备,如激光扫描仪、地基SAR等。三种平台的数据通过远程通信设备导入后台的网络数据库中,采用WebGIS技术对数据进行空间分析与发布,同时兼顾后期的数据处理,如滑坡模型的优化与多源观测数据的同化等应用。该项研究的初步成果已经在中央电视台2014年6月12日走进科学栏目报道,名为“给大山把脉”。

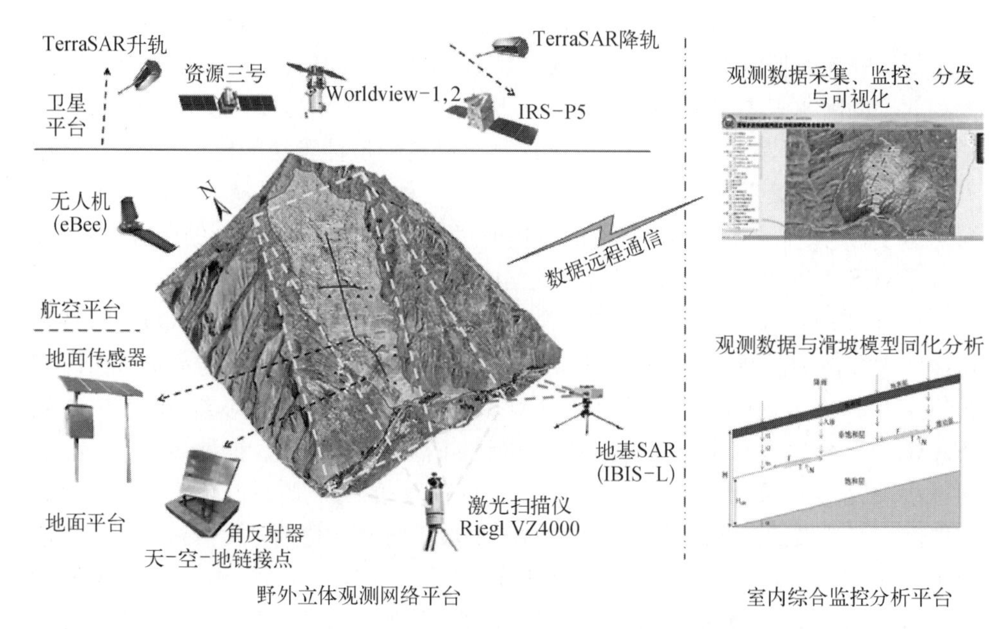

图1.7 空-天-地一体化的滑坡立体监测平台(后附彩图)

1.3.3 降雨滑坡的研究现状

降雨作为滑坡主要且关键的诱导因素,其与滑坡的产生有着密切的联系。降雨通过水分入渗,降低了岩土体自身的物理性质,改变了斜坡周边的地下水条件,使土壤孔隙水压力增大、基质吸力减小、容重增大,同时,由于岩土体含水量增大还会导致岩土软化发生,边坡滑移面剪应力增大、土壤抗剪强度减小,从而导致滑坡体失稳(Kirschbaum et al., 2012)。目前的研究中,对降雨滑坡的研究主要集中在两个方向:降雨与滑坡的统计学关系和降雨滑坡的机理研究(张明等,2009)。

(1) 降雨与滑坡的统计学关系是根据降雨资料(降雨量或降雨强度)对应的滑坡发生概率或位移监测资料,构建起的线性回归或其他数学关系式,这是滑坡统计学研究的基本思想。之后学者发现这种基于客观统计事件得到的经验型降雨量或降雨强度阈值可以作为预测滑坡的依据,并且所需滑坡数据可由观测中直接得到。国内外学者针对降雨与滑坡之间的关系做了大量研究,Caine(1980)首先提出了降雨诱发滑坡阈值的概念。1985年,由USGS联合美国国家气象服务中心(United States National Weather Service, USNWS)在圣弗朗西斯科海湾地区建立了一套滑坡灾害实时预报系统。该系统以临界降雨强度和持续时间的关系为基础,综合分析了研究区地质地形条件及降雨的空间分布情况(Keefer et al., 1987)。Guzzetti等(2004)对2000年意大利的拉斯佩齐亚省1.6 km^2滑坡区域的1 204处降雨滑坡点进行了统计研究,结果表明,滑坡位移一般发生在降雨开始后的8~

10 h，当平均降雨强度达到8～10 mm/h滑坡的位移量最大。在利用降雨量对滑坡进行预测的研究上，出现了争论，争论的焦点主要是围绕应该利用那一时段的降雨对滑坡发生的影响最大。例如，Brand等(1984)对香港近20年的滑坡资料与降雨数据进行了对比分析，结果表明，香港绝大多数滑坡是由于短时间强降雨诱发的，这些滑坡发生时间与最大的降雨强度同步，并且指出利用24 h累积的降雨量预报滑坡具有重要的意义。Chleborad(2003)指出，1 d或2 d内降雨量达到50～75 mm是美国西雅图地区大部分滑坡发生的直接诱因，在之后的滑坡事件中也证实了这一结论。

一些研究通过对诱发滑坡的历史降雨事件进行统计，将降雨强度或降雨量、历时时间描绘在相应的坐标系中，再借用相应的数学模型，拟合出这些数据点的下限百分水平线，这条曲线被称为降雨-历时关系曲线，也可以叫做经验性下限降雨阈值，作为滑坡诱发的降雨判据。例如，Chleborad(2000)分析了西雅图1933～1997年雨季发生的滑坡及降雨数据，将发生滑坡后3 d的降雨量及滑坡前15 d的降雨量进行了比较，得出了两者的一个关系式，来作为降雨诱发滑坡发生的下界阈值。Dai等(2001)通过研究发现，前12 h的降雨量对香港地区的滑坡发生最为重要，但当滑坡的体积增大时，24 h的持续降雨量对滑坡的影响最大，研究中给出了滑坡发生频率与降雨量、滑坡体积的关系曲线。Guzzetti等(2007)通过分析大量独立的降雨滑坡事件，总结出降雨与时间的4种统计关系：① 降雨强度-历时关系；② 累积降雨量-历时关系；③ 累积降雨量-降雨强度关系；④ 总降雨量阈值。Hong与Adler(2008)选择3 h，25 km分辨率的热带测雨任务(tropical rainfall measuring mission, TRMM)卫星数据及前期工作中得到全国滑坡敏感性分布图，收集了1998～2006年近8年的全球典型的降雨滑坡事件并拟合出降雨强度与历时的关系曲线，最终，开发了一套完整的全球降雨滑坡经验预测系统(http://trmm.gsfc.nasa.gov/publications_dir/potential_landslide.html)。目前，该系统已在美国航空航天局(National Aeronautics and Space Administration, NASA)运行，在全球滑坡预警方面具有重要的参考价值(Kirschbaum et al.，2012)。

对降雨与滑坡的统计学关系研究弥补了目前国内外对降雨滑坡机理方面研究的不足，人们可以快速、高效、大范围地进行滑坡预报预测的宏观研究。但这类研究过多的依赖于统计样本的数量及质量情况，往往会因为数据在统计中存在的偏差导致结果失真；同时研究成果针对性太强，只适合被研究的区域，只要地质、水文等条件稍作改变，相应的降雨强度或降雨量与滑坡之间的关系就会改变。

(2) 降雨滑坡的机理研究。这方面的研究主要集中在三个方向：① 降雨入渗引起边坡体内的水-岩(土)力学(包括饱和和非饱和力学作用)变化产生的滑坡；② 降雨入渗引起边坡体内的水-岩(土)内发生物理化学反应产生的滑坡；③ 采用数值模拟技术来模拟分析滑坡的发生机理(张明等，2009)。在这三个研究方向中，针对水-岩(土)力学方面的研究主要是结合分布式水文模型及 GIS 技术展开,也是本书探讨的一个方面。因此在这里,只阐述第一个研究中关于非饱和降雨入渗产生的滑坡研究。

1931 年,Richards 将 Darcy 定律推广应用到非饱和渗流中以后,人们才开始了非饱和渗流的研究。同时,水相渗流引起的孔隙水压力变化方程很快便建立了起来,通常称为 Richards 方程(Richards, 1931)。20 世纪 50 年代以后,人们开始认识到降雨引起的基质吸力下降对斜坡稳定性的影响。Fredlund 等(1978)得到了适用于非饱和岩土体的引申的 Mohr - Coulomb 抗剪强度公式;1981 年,在非饱和土的引申的 Mohr - Coulomb 强度准则基础上的普遍极限平衡法被建立,这是一种基于非饱和土力学理论的边坡稳定性分析方法,可以用来研究降雨入渗对边坡稳定性的影响(Fredlund et al., 1981)。随着非饱和土力学在降雨诱发滑坡机理上的应用和研究,学者将水文模型与斜坡稳定性模型相结合,来对斜坡进行风险分析。例如,Dietrich 等(1995)在假定稳态水文条件的基础上,将水文模型与边坡稳定性模型相结合,开发了针对浅层滑坡稳定性的 SHALSTAB(shallow landsliding stability)模型,根据这一模型原理,在亚热带和热带气候地区的斜坡风险分析中取得了较好的效果(Dietrich et al., 1998)。Pack 等(1998)在 SHALSTAB 模型的基础上,开发了用于侵蚀地表斜坡稳定性评估的滑坡分布式 SINMAP(stability index mapping)模型,该模型基于分水岭进行区域滑坡风险评估的 ARCVIEW 平台,综合考虑影响地表斜坡稳定性的地形地貌、土壤、地质、植被、水文及气候等因素,同时提出了解决地形及岩土体等参数不确定的方法,使模型具有一定的通用性(Terhorst and Kreja, 2009)。Baum 等(2002)基于 Iverson(2000)提出的降雨入渗机制的构想,耦合了降雨入渗导致的瞬时孔隙水压变化和无限斜坡稳定性模型,提出了定量评价浅层斜坡失稳的区域(transient rainfall infiltration and grid-based regional slope-stability model, TRIGRS)模型。兰恒星等(2003)集成了滑坡确定性模型与基于 DEM 的水文分布模型,涉及降雨引起的地下水的不同分布,所造成的静水压力及地下水渗流过程中产生的动水压力对滑坡稳定性的影响,并提出了改进的 SINMAP 模型。Kuriakose 等(2009)采用动态分布式水文模型(storage and redistribution of water on agricultural and re-vegetated slopes model, STARWARS)结合概率性斜坡稳定性模型(probabilistic stability model, PROBSTAB)分析了 Tikovil 河流区域的斜坡失稳情况。Liao 等(2012)提出了适用于强降雨诱导斜坡入渗分布式模型(slope-infiltration-distributed equilibrium, SLIDE),该模型用来分析及评估了洪都拉斯在遭受飓风米奇后的浅层滑坡分布情况。以上的这些研究主要是针对降雨入渗引起的浅层滑坡,土层深度在 1～2 m;降雨对深层的滑坡(土层深度为 5～20 m)的影响非常复杂,如滑坡体内的大孔隙、裂隙等可以提供水分快速运移的通道,地下水抬升,从而影响坡体深层渗流场的分布造成滑坡产生。这方面的定量研究比较少，方法不很成熟（孙建平等，2008）。

1.3.4　本书存在的问题及不足

综上所述，基于RS与GIS在滑坡方面，特别是在降雨滑坡方面的研究已经有了一些研究成果，但由于降雨滑坡自身的复杂性以及RS与GIS在数据监测、获取及管理等方面存在的局限性，当前的研究仍存在一些问题，特别是在中国地质灾害防灾体系建设中，主要表现在以下几个方面。

(1) 如何合理获取风险评估所需的滑坡内外影响因子及历史数据，如何保证数据的可用性、可靠性和时效性以及如何提升数据的表达和空间制图的能力。

RS在滑坡调查及滑坡因子提取中的作用在被过度夸大的同时其应用潜力和功能没有得到充分发挥，例如，在降雨滑坡研究中，基于RS的降雨数据产品精度比较及在滑坡中的应用研究较少；在RS目视解译中过度依赖影像的颜色、纹理、形状、位置等解译要素，而对滑坡遥感解译的关键要素或问题认识不清。GIS在滑坡数据获取、管理、制图及分析方面缺少系统的应用，例如，滑坡制图多数都是侧重小范围的研究区，缺少全球级、国家级的权威性GIS滑坡制图；目前在滑坡数据发布方面，多数都是以新闻报道的形式出现，只侧重图片及文字的描述，而忽略了滑坡的空间数据信息等。

(2) 在滑坡建模中缺少对滑坡机理、水文力学模型以及地学问题模型的概略化，对空间数据质量的评价和结果的检验缺乏定量的方法。

根据前面的描述可知，虽然降雨滑坡的发生具有一定的规律，但目前已有的滑坡分析理论及模型局限性过大，只能针对特定条件或特定区域下，不具有普适性，而且在复杂情况下不能进行完整的描述。

(3) 缺少多尺度滑坡风险研究。随着滑坡灾害风险研究更趋向与应用性相结合，其研究尺度问题将直接影响评价方法的选择和评价结果的精度。从大的范围来说，滑坡风险研究存在空间尺度和时间尺度（乔建平，2010；Das et al.，2011）。从空间范围来讲，尺度问题是评价范围的问题，这与工作比例尺、资料的完备性均相关。目前的研究中大多数集中于单一尺度的滑坡风险研究，对不同尺度滑坡风险的数据获取、研究方法、风险表达、结果精度及耦合应用还未涉及（刘耀龙，2011）；此外，目前的研究在滑坡风险研究的时间尺度上通常是针对研究区域的一定时间段的平均状况开展，近似地认为区域影响因子具有不变性，这样将会造成结果失真，体现不出滑坡的发生及演化规律。因此，结合时间及空间的多尺度滑坡风险研究能够更好地表现滑坡灾害的现象或过程的本质特征（张发明，2007），是一个全新的领域，有待学者进一步研究与探索。

(4) 目前国内仍缺少系统的滑坡风险技术方法和标准体系。目前国内（除香港特别行政区）在滑坡风险研究中针对不同需求、精度、类型、区域的研究缺少结果划分的客观依据、可比较的标准和技术方法体系，没有形成一套系统化的研究流程。

1.4 本书的着眼点

本书基于 RS 与 GIS 技术，探讨不同尺度中国降雨滑坡风险分析中存在的关键技术问题，得出中国降雨滑坡的主要分布规律及定量与定性的风险分析方法。通过滑坡历史资料的收集，采用 WebGIS 云数据库的功能，并结合地质环境的特点，阐述中国滑坡灾害的分布概况；阐述基于 RS 技术在滑坡监测中的应用，重点分析滑坡因子辨识的理论方法与技术流程，总结定性的降雨滑坡风险分析方法及实际应用；完成中国 1 km×1 km 的滑坡敏感性分布图，分析中国铁路、公路以及居民区的滑坡风险性，主要揭示降雨条件下中国滑坡灾害的时空分布特点及重灾区滑坡发生及演化的基本规律；阐述区域降雨滑坡的物理因素，开发较为系统和实用的滑坡物理模型及风险分析的软件工具，总结不同尺度降雨滑坡风险分析的研究思路。本书的研究可以为中国滑坡的预防与控制及大规模基础建设的地质环境、民生安全提供重要的理论及技术支持。

针对这样的研究目标，我们确定本书所详细阐述的内容有以下几个方面。

(1) 滑坡历史数据收集及 WebGIS 数据管理与分析研究。滑坡历史资料的收集与管理被认为是滑坡灾害风险研究的首要阶段，这方面的研究可以更好地区分滑坡的类型、位置、等级、伤亡人数、经济损失等信息。利用 WebGIS 数据存储与管理的优势，构建滑坡历史数据的时空分布网络数据库管理平台，分析滑坡分布及演化规律，为后期研究提供理论及数据支持。

(2) RS 技术在滑坡因子识别与提取中的研究。本部分主要研究 RS 技术在滑坡体识别及滑坡因子提取方面的应用。地形因素作为滑坡产生的重要内部因素之一，是任何滑坡风险研究中必不可少的因素，这方面重点研究坡度、坡向、坡长等因子的提取及滑坡体的识别，并结合居民区来评估滑坡风险性。降雨作为滑坡产生的重要诱导因素之一，是本书的关注点，通过 RS 技术获取的降雨数据能够快速、准确把握降雨的空间分布和强度变化，实现不同区域尺度的降雨观测。因此，这部分主要是介绍目前主流的几种卫星降雨产品，通过定量统计手段比较降雨产品的精度，用于滑坡灾害风险研究。

(3) 中国尺度降雨滑坡灾害的风险分析。通过多时相的地面观测资料及 RS 获取资料的处理和分析，结合滑坡灾害的经验分析模型，制作滑坡灾害图谱，分析中国区域内滑坡灾害的敏感性；引入铁路、公路及居民区的数据，利用 GIS 空间分析技术，研究中国范围内滑坡灾害风险性；利用前期获取的卫星降雨数据，研究滑坡敏感区，降雨强度与时间的关系，圈定重点降雨滑坡灾害区域。

(4) 区域尺度降雨滑坡灾害的风险分析。区域降雨滑坡风险分析需要围绕降雨入渗造成的边坡失稳研究。因此,本部分利用前面得到的重点滑坡区域,基于无限斜坡极限平衡法理论,参照国内外成熟的水文边坡分布模型,研究重点滑坡区域的边坡失稳情况,完成区域大比例尺滑坡风险制图,并与实测数据比较,验证结果精度;并结合中国尺度的定性分析结果,探讨不同尺度相结合的滑坡风险分析综合研究方法。

1.5　主要方法与实现过程

根据以上的主要研究内容开展降雨滑坡风险分析,目的在于形成一套完整的滑坡数据收集、管理、分析、评估、预测的技术流程,为中国在滑坡监测及预警方面提供科学依据。本书基于滑坡灾害风险分析的基本理论,引入地学、力学、水文学、统计学及信息科学的一些先进方法,扩展了传统方法的应用领域,为不同尺度条件下,多源数据观测、模型构建及滑坡灾害风险研究提供新的思路和途径。同时,设计有关算法,并在现有的研究基础上,编制滑坡数据库及模型应用软件,为滑坡数据耦合创造条件。针对每一项研究内容,所采用的研究方法和技术路线如下。

(1) 基于 WebGIS 的滑坡数据收集、管理与分析。参照中国工程地质实践经验及中国地域的分布特点,收集、整理和分析新中国成立以来的典型滑坡灾害的位置、数量、等级、影响因素、死亡人数、经济损失等,利用 WebGIS 中的 Google Fusion Tables 与 Google Maps API 技术,开发中国滑坡网络数据库,统计分析不同区域不同分类条件下的滑坡分布情况,并作为后续风险分析的输入参数及检验指标。

(2) RS 技术在滑坡因子辨识与提取中的应用。本部分重点介绍利用 RS 技术提取滑坡因子的方法及流程。以机载激光扫描数据为例,详细介绍点云滤波、DEM 生成以及坡度、坡向、坡长提取等步骤,并基于经验值构建滑坡综合评判模型,并结合居民区分析滑坡易损性区域;并介绍主流的几种卫星降雨产品,例如,TMPA 3B42RTV7,TMPA 3B42V7,CMORPH, PERSIANN - CCS,以淮河区域为例,将这四种产品的数值与地面雨量站进行定量比较,从中筛选出哪种降雨产品适用于后面滑坡风险研究。

(3) 中国尺度降雨滑坡灾害的定性风险分析。参照前期分析得到的滑坡分布区,归纳总结出影响滑坡发生的各因子:土壤、地质、植被、地形、土地利用、水文等,研究各因子与滑坡发生频度之间的关系,区分出主要和次要因子,利用人工神经网络算法,得到各因子的权重,构建出中国尺度的滑坡统计模型,采用栅格叠加方法,制作出中国滑坡敏感性分布图;同时,引入降雨、道路以及居民区分布数据,分析中国滑坡的风险性分布，并拟合出滑坡风险区降雨与时间的关系，圈定出重点降雨滑坡灾害区域。

(4) 区域尺度降雨滑坡灾害的定量风险分析。以前面得到的重点降雨滑坡灾害区域为例，考虑降雨入渗造成的饱和-非饱和状态下的边坡失稳，基于无限斜坡极限平衡原理，参照目前较为成熟的滑坡水文分布式模型，例如，SHALSTAB、SINMAP、TRIGRS以及SLIDE，分析这些水文模型的适用条件，重点分析SLIDE模型在本研究中的适用性，并开发出Ma-SLIDE软件，以数字地形图为底图，应用拟合的模型计算降雨期间每一个网格任意时间的安全系数，并外推网格大小，采用GIS技术，形成区域尺度降雨滑坡分布图，并通过实际结果，验证模型预测的精度。同时结合中国尺度的滑坡风险分析结果，以实例来探讨滑坡经验与物理模型耦合的综合滑坡风险分析。

1.6 本书结构安排

依据我们的研究内容来确定本书的结构安排，本书结构与研究内容的关系如图1.8所示。本书共分两个部分，其中第1章至第4章为第一部分，第5章至第7章为第二部分。第一部分重点介绍在进行滑坡分析前需要做的主要工作，包括滑坡分区、历史数据统计及滑坡主要分布规律分析，以及滑坡主要因子的获取等；第二部分是本书的核心部分，包括全国及区域尺度的降雨滑坡风险分析使用的方法、流程及结果。具体的章节内容安排如下。

第1章是绪论。首先综述本书研究的背景和意义，然后介绍滑坡风险的定义及分类，进一步阐述滑坡风险研究的理论必要性和可行性。在此基础上，归纳总结出国内外在滑坡风险中的研究，特别是基于RS与GIS以及降雨滑坡风险的研究，提出当前研究的不足，并明确我们的研究目标和研究内容。进一步，在研究内容的引导下，确定本书研究的技术路线并给出本书的章节安排。

第2章是中国滑坡分区及主要分布规律。首先概述中国地形地貌空间分布特点，在此基础上，详细介绍孕育滑坡产生的地质环境因素，引入中国环境地质的区域性特点，通过GIS技术将不同的环境地质单元进行滑坡区划展示，总结中国滑坡分布的基本规律。

第3章是滑坡数据收集及网络数据库系统管理。首先介绍国内外主要滑坡数据库的特点及发布形式，分析目前在滑坡收集及数据发布等方面存在的优缺点。然后，整合国内新闻报道、统计年鉴及网络数据库等资源，收集新中国成立以来60多年典型的滑坡数据。设计开发网络版中国典型滑坡数据库，并进行发布。最后，统计分析典型滑坡区的分布规律及风险性。

第4章是RS技术在滑坡体识别及影响因子提取中的应用。首先介绍RS技

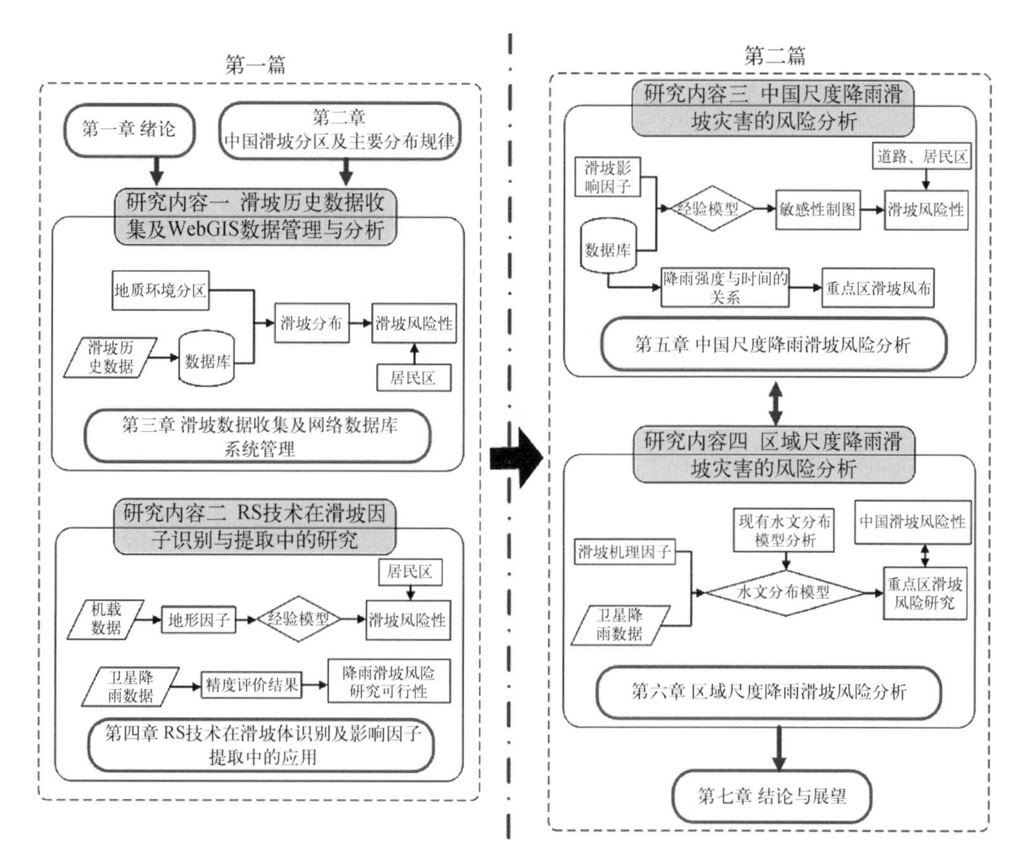

图 1.8 本书结构与研究内容关系

术在滑坡影响因子获取及滑坡体识别的主要方法及流程,并通过两个主要的实验来进行详细阐述。实验一是进行滑坡经验模型识别,主要的数据源是航片影像及激光扫描数据,通过前期的处理,获取研究区 DEM 数据,并提取坡度、坡向及坡长的地形因子,分析研究区滑坡的风险性;实验二是降雨数据的获取,介绍目前国外主要的几种遥感降雨产品,比较它们在实际应用中的精度,并分析其用于降雨滑坡风险研究的可行性。

第 5 章是中国尺度降雨滑坡风险分析。首先介绍中国滑坡内部影响因子(岩性、地形凹凸度、坡度、坡向、土壤性质、高程、断裂带、水文、植被)的辨识与提取,利用第 3 章收集到的典型区滑坡数据,统计各影响因子与滑坡发生频度之间的关系。基于 BP 人工神经网络算法,构建中国滑坡经验统计模型,得到各影响因子的权重,采用栅格叠加方法,制作出中国滑坡敏感性分布图。引入铁路、公路、居民区数据,分析滑坡的风险性。最后,利用第 4 章介绍的卫星降雨数据,拟合滑坡风险区降雨强度与时间的关系,得出滑坡发生的临界值,圈定出重点区降雨滑坡灾害区域。

第 6 章是区域降雨滑坡风险分析。首先分析降雨入渗造成的饱和-非饱和状态下的边坡失稳原理，引入目前比较成熟的降雨滑坡水文模型(SHALSTAB、SINMAP、TRIGRS、SLIDE)，分析它们应用中的优缺点。在目前的研究基础上，构建适用于重点区降雨滑坡灾害风险分析的机理模型，开发成熟的模型运行软件，通过计算得到每一个栅格的降雨诱导边坡安全系数，形成区域降雨滑坡分布，并通过实际结果，验证模型预测的精度；并结合中国滑坡风险分析，阐述滑坡经验与物理模型在滑坡风险分析中的耦合作用。

第 7 章是结论与展望。在总结本书的研究工作的基础上，归纳总结出本书的创新与特色，并进一步展望今后需要研究的方向。

第 2 章　中国滑坡分区及主要分布规律

2.1　滑坡与地形地貌

中国滑坡灾害的空间分布主要受地形地貌、区域地质环境条件所控制，具有群发性和区域性的特点。中国内地的地形从西向东依次降低，形成 3 个明显的阶梯(图 2.1)：第一阶梯为青藏高原，位于昆仑山、祁连山之南、横断山脉以西，喜马拉雅山以北，平均海拔 4 500 m 以上；第二阶梯为中部山地，主要包括的典型地区有内蒙古高原、黄土高原、云贵高原、准格尔盆地、四川盆地、塔里木盆地，平均海拔 2 000～3 000 m；第三阶梯为东部平原，包括的典型地区有东北平原、华北平原、长江中下游平原、辽东丘陵、山东丘陵、东南丘陵，大部分海拔在 1 000 m 以下。滑坡的空间分布主要发生在第一阶梯向第二阶梯和第二阶梯向第三阶梯过渡的阶梯斜坡区域，占全国滑坡总数的 90%以上(殷坤龙等，2010)。这些地区的前缘分布有开阔的山坡、铁路、公路和工程建筑物边坡以及江、河、湖(水库)、沟的岸坡，这些地貌特征极易产生滑坡。Huang 和 Li(2011)统计了 1990 年以来中国发生的重大滑坡，可以看出滑坡主要分布在阶梯之间的过渡区域以及离水系较近的地区，例如，甘肃中西部、四川的西北部、湖南、广西及浙江部分地区。

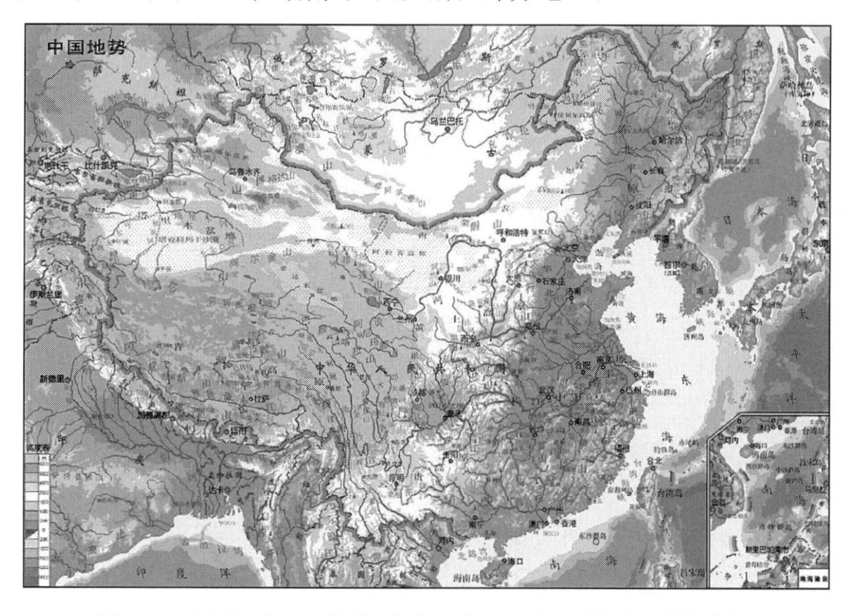

图 2.1　中国地势三大阶梯(来自中华人民共和国年鉴，后附彩图)

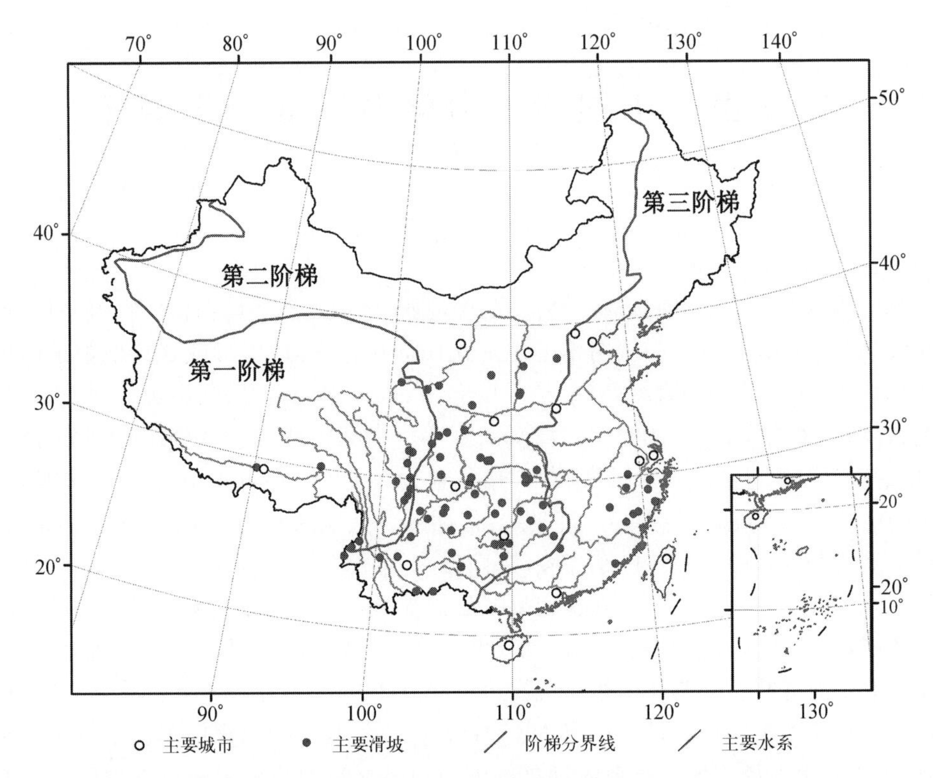

图 2.2　典型滑坡与三大阶梯分布之间的关系示意图(Huang and Li, 2011)

2.2　滑坡与区域地质环境

2.2.1　主要概况

区域地质环境主要受地形地貌、气候、水文、岩性和地质构造等自然地理条件和人类活动的影响。气候因素是诱导滑坡发生的重要因素之一,例如,中国北方干旱少雨,南方潮湿多雨,造成了滑坡一般发生在南方地区,南方地区的滑坡主要以降雨入渗、洪水诱导为主;西北部地区夏季由于天气变暖,造成山上积雪融化引起山体滑坡。

水文条件主要是指地下水活动在滑坡形成中起到的重要作用,它的作用主要表现在:使岩、土软化,从而降低岩土体的抗剪强度,产生动水压力和孔隙水压力,侵蚀岩、土,增大它们的容重,对透水岩石产生浮托力等,特别是对滑坡(带)的软化作用和降低强度作用最突出。

岩、土体是产生滑坡的物质基础。从滑坡发生的土层和岩性条件分析,滑坡往往集中在一些在水的作用下其性质易发生变化的特殊岩、土中，如松散覆盖层、黄土、红黏土、页岩、泥岩、煤系地层、凝灰岩、片岩、板岩、千枚岩等及软硬相间的岩土层，这些成为区域地质环境中易滑坡地层。

斜坡岩、土只有被各种构造面切割分离成不连续状态时，才可能具有向下滑动的条件。构造面又为降雨，地表径流等进入斜坡提供了通道。因此，各种节理、裂隙、层理面、岩性界面、断层发育的斜坡，当平行和垂直斜坡的陡倾构造面及顺坡缓倾的构造面发育时，最易发生滑坡。当构造面为活动性构造时对滑坡产生具有明显的影响，同时活动性断裂所引起的地震往往诱发大量滑坡的产生。

人类活动也是诱导滑坡发生的主要因素之一。例如，修建铁路、公路、开挖隧道、依山建房等工程，常常因使坡体下部失去支撑而发生下滑。特别是中国西南、西北的地区，由于开山大力爆破、强行开挖，事后陆续地在边坡上发生了滑坡，给道路施工、运营带来危害。此外，水渠和水池的漫溢和渗漏，工业生产用水和废水的排放、农业灌溉等，均易使水流渗入坡体，加大孔隙水压力，软化了边坡的岩土体，增大了坡体容重，诱发滑坡；在山坡上乱砍滥伐，使坡体失去水土保持作用诱发滑坡等。

2.2.2　区域地质环境分区

根据上面列举的这些原则，中国地质科学院水文地质工程地质研究所(1992)给出了中国环境地质分区的标准，将中国整个区域划分为六个一级地质环境区域，具体如下。

(1) 华北、东北平原丘陵山地环境地质区(Ⅰ)。本区域属于温润-半温润气候带，自西北向东南方向，年降水量由300 mm上升到800 mm。包括了中国两大平原：东北平原和华北平原，北中部被山地所围。该区平原是中国重要的工农业区，也是富产石油的能源基地。山地包括大面积的森林，同时也蕴藏了煤炭、黄金和其他矿山资源。华北地区地震活跃，地震带经过的省份有辽宁、河北、河南、山东、山西、江苏等地，它的地震强度跟频度仅次于“青藏高原地震区”，位居全国第二(乔秀夫，2002)。本区域人口分布密集，生态环境破坏严重，其中区域中部分城市出现地下水明显下降、水质恶化及地面沉降等现象。燕山、辽西和辽南地区时有滑坡发生；松辽平原北部土壤侵蚀严重；环渤海沿岸海水入侵严重。

(2) 华南丘陵山地环境地质区(Ⅱ)。本区域位于中国东南部，包括淮阳山地区、长江中下游平原以及以南的广大区域。该区的地貌特征主要以丘陵山地为主，一般海拔低于500 m，属湿热季风气候带，年降水量普遍大于1 000 mm，河流湖泊众多，矿产资源丰富，人口分布也较为密集。该区域岩、土质地松散，北部的长江中下游平原以第四纪松散沉积物分布为主，西部多为碳酸盐岩，东部为变质岩、碎屑岩和岩浆岩混合分布为主，这样的岩土结构极易产生滑坡。区内除台湾断裂系活动强烈外，其他地区少有地震发生，是一个少震、弱震区域。

(3) 西北盆地、山地、高原环境地质区(Ⅲ)。本区域范围东界到大兴安岭的西麓，南界自小腾格里沙漠，沿集宁东南部的丘陵地北坡，向西穿过黄土高原的北缘，沿祁连山和昆仑山的北麓直至中国西部边界的帕米尔高原，西界与北界为国境线，位于属干旱气候带，年降水量一般在250 mm以下，年蒸发量大。本区地势地貌复杂，东部以高原为主，地面开阔坦荡，切割轻微，气势起伏和缓；西部以盆地为主，多形成荒漠，分布着中国主要的沙漠沙地。本区包括两个重要的滑坡分布区，一个区域位于阿尔泰、天山、阴山地区，岩性以砂页岩组成，滑坡常由于地震、高山降水及冰雪融水诱导产生；另一个区域位于祁连山东、北坡及河西走廊一带的山地区，岩性主要有砂岩、板岩、千枚岩等，滑坡常由于降水及人类活动诱导产生(卢刚，2005；马国哲，2008)。

(4) 黄土高原、山西山地环境地质区(Ⅳ)。本区域范围在长城一线以南，秦岭、伏牛山以北，西以乌鞘岭、日月山为界，东到太行山，海拔一般介于1 000～2 000 m，是世界上黄土分布最广的地区，属温带内陆半干旱气候区，年平均降水量自东南边向西北边递减，介于300～700 mm，降雨集中在每年的7～9月，多呈暴雨形式。本地区地势高低悬殊，黄土深厚疏松，植被再生力低，由于人类活动规模及范围的扩大，土壤侵蚀成为中国最严重的地区。黄土高原由于其岩性的疏松以及地势中时有陡崖峭壁，当遭受地震、降雨入渗或水流冲刷，滑坡灾害层出不穷，主要分布在兰州及陇东地区(周自强等，2007；姚文波等，2008)。

(5) 秦巴、西南中山高原环境地质区(Ⅴ)。本区域位于中国中部、西南山区，其范围以北为秦岭，经武当山，以宜昌—新化—河池—大新一线为东界，西侧为第一阶梯与第二阶梯的过渡地带，南边为国界线。本区潮湿多雨，属于湿润气候，地势以山地和高原为主，平均海拔在2 000 m以上。西侧处在南北向构造带的中南段，构造带活动性强烈，地震活动强度大、频率高，是中国重要的强震活动区域，特别是由成都平原向青藏高原过渡的区域分布有龙门山断裂带，2008年"汶川地震"及2013年的"雅安地震"就发源于此(王卫民等，2013)。其北侧为秦岭，是中国南北的重要分界线，也是东西向构造带。本区主要的岩性为碳酸盐岩，其次是碎屑岩，在降雨及地震的诱导下，极易产生大型山体滑坡。

(6) 青藏高原环境地质区(Ⅵ)。本区域范围北起昆仑山、阿尔金山和祁连山，南至喜马拉雅山，东抵岷山、横断山和牢山，西边为国界线，是中国主要江河的发源地。平均海拔在3 000 m以上，气候寒冷，多年以冻土分布，其次是季节性冻土，高原边缘为高山峡谷。本区构造带滑动性强烈，地震活动频度高、强度大，活动程度仅次于台湾地区。藏东、川西、滇西岩性主要以碎屑岩沉积为主，南部地区山川相间，河谷切割深，高差大，降水量充沛，是滑坡极易发生的地区之一。

上面详细解释了将中国整个区域划分成六个一级地质环境区划的原因，每一个区划内部具有相近的地形地貌、岩性、气候、土壤、构造带等因素，而区划与区划之间差异明显。图2.3描绘了这六个区域的空间分布，并结合90 m分辨率的中国地形栅格数据(数据来源：http：//srtm. csi. cgiar. org)。

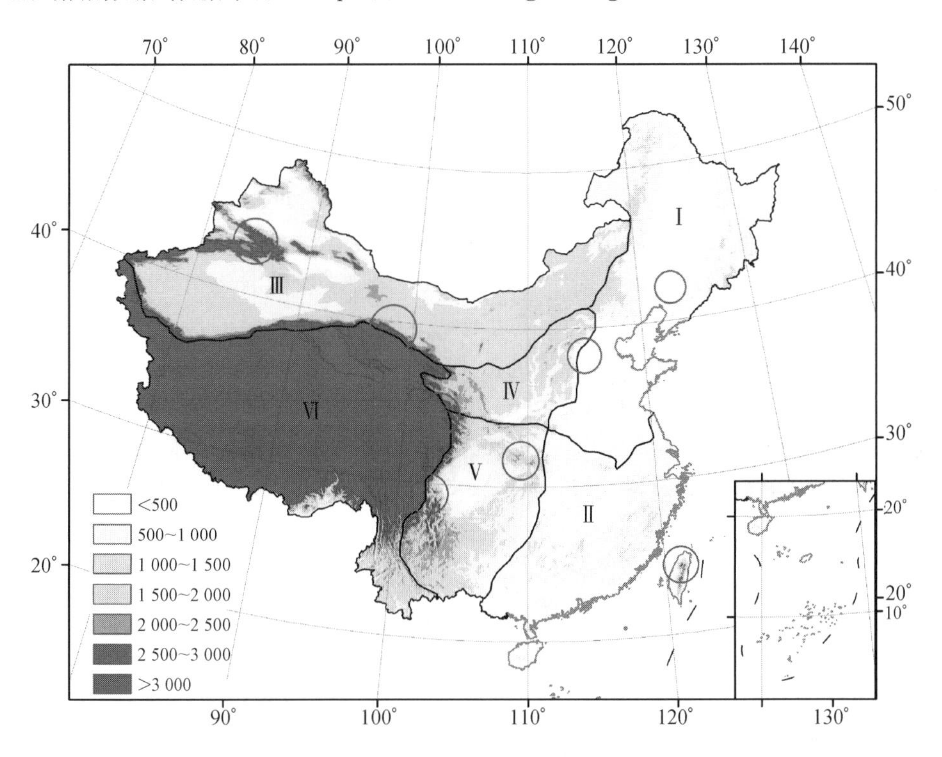

图2.3　中国地质环境一级区划和主要滑坡分布示意图(后附彩图)

Ⅰ. 华北、东北平原丘陵山地环境地质区；Ⅱ. 华南丘陵山地环境地质区；Ⅲ. 西北盆地、山地、高原环境地质区；Ⅳ. 黄土高原、山西山地环境地质区；Ⅴ. 秦巴、西南中山高原环境地质区；Ⅵ. 青藏高原环境地质区

由于区域地质环境是产生滑坡的根本条件，因此区域地质环境分区可以反映出滑坡的主要分布规律。通过上面对每个区划的归纳总结，图2.3红色圆圈部分标出了各个区域滑坡所处的位置。Ⅰ区主要的滑坡位于辽东半岛及第一阶梯与第二阶梯之间的太行山周围；Ⅱ区主要的滑坡位于台湾及与Ⅴ区之间的交界处；Ⅲ区主要的滑坡分布在阿尔泰-天山周围及河西走廊附近；Ⅳ区主要的滑坡分布在东西阶梯的交界处；Ⅴ区主要的滑坡分布在东西两个断裂带附近；Ⅵ区主要的滑动位于东边的第一阶梯与第二阶梯的周围。

2.3　降雨滑坡主要概况

降雨作为滑坡的重要诱导因子之一，在第1章中已经有所介绍，降雨滑坡在中国滑坡灾害中占到了 90%以上的比例,也是本书重点关注的部分。从以上的分析中可以看出,中国滑坡的分布具有明显的地域差异性。降雨滑坡的空间分布与降雨的分布具有相关性,滑坡灾害发生强烈的地区一般都是暴雨频发、降雨丰沛的山区。例如,江西、四川、云贵等地由于多山、多雨等原因,滑坡灾害发生非常频繁。

中国属于东亚季风气候区,降雨有明显的季节变化趋势,因此降雨滑坡也具有明显的季节性变化的特征。每年 10 月到次年 4 月份,中国处在冬半年,此时盛行冬季风,全国降雨普遍较少,各地几乎没有滑坡灾害的发生。5 月份开始,华南丘陵山地环境地质区(Ⅱ)以及秦巴、西南中山高原环境地质区(Ⅴ)的降雨逐渐增加,这两个地区的滑坡灾害次数也在逐渐增加。6 月份,华南丘陵山地环境地质区的滑坡灾害达到高峰期。图 2.3 描绘了不同分区主要滑坡的分区情况,针对华南丘陵山地环境地质区,除台湾地区外,其他地区并没有完全明显的滑坡地带,该地区的滑坡主要取决于降雨的诱导、降雨的强度、降雨量以及当地的岩土机理是产生滑坡的关键因素,这方面的研究我们放到了后面的章节。6～7 月份是秦巴、西南中山高原环境地质区滑坡发生的主要时间,这个时期雨带由华南区向西北推移,图 2.3 标出的Ⅴ区红色圆圈此时是滑坡发生的高发地带。7～8 月,华北、东北平原丘陵山地环境地质区(Ⅰ)、西北盆地、山地、高原环境地质区(Ⅲ)以及黄土高原、山西山地环境地质区(Ⅳ)进入雨季,也是这三个区域滑坡灾害的高发期,这个时期主要的滑坡分布在辽宁半岛、甘肃河西走廊以及黄土高原中南部等地。9 月份,Ⅱ区又进入另一个雨季,此时滑坡灾害发生出现次高峰期。

由此可见,降雨带的季节性转移与滑坡灾害的时空分布有着很明显的对应关系,这也进一步说明降雨在中国属于最主要的滑坡诱发因素。

2.4 本章小结

本章主要分别介绍了中国的地形地貌、区域地质环境以及降雨与滑坡之间的关系,详细阐述了中国区域地质环境分区在滑坡时空研究中的重要关系,利用 GIS 空间分析功能,描绘了中国滑坡的主要分布概况,并重点总结出了降雨滑坡的时空分布规律,为接下来的进一步研究提供了理论依据。

第 3 章　滑坡数据收集及网络数据库系统管理

第 2 章节阐述了中国滑坡现状的分布概况，宏观地总结出中国滑坡分布的主要规律，与地形、地貌以及环境等因素相关。本章中通过收集滑坡历史数据的分布，借助 GIS 空间数据库开发及可视化等方法，研究中国滑坡分布的时候变化特征，这一方面的研究既是第 2 章的深化，又为后面的滑坡因子辨识及制图提供了实证依据。

3.1　滑坡数据收集

3.1.1　滑坡数据源

滑坡灾害是一种突发性的灾害事件，能够准确地收集到滑坡发生的时间、地点、人口伤亡及经济损失是一项十分有意义的工作(Kirschbaum et al. , 2009)。通常情况下，滑坡事件是以网络、电视或报纸等媒介作为新闻事件进行报道，在这些报道中滑坡事件只是作为语义的形式进行记录并描述，就像本书第 1 章描述的那些中国滑坡降雨事件一样(来自新闻事件报道)，只是单纯地记录了滑坡发生的时间、区域、死亡人数以及房屋倒塌情况等，却缺少滑坡发生的地理位置以及空间关系，更没有通过高效的数据编目或数据库进行滑坡事件的统一管理。

早在 20 世纪 70 年代，国外一些遭受滑坡灾害的国家，例如，美国、意大利、日本、法国等已经开展了滑坡实地考察，并在此基础上建立了滑坡数据库，这些国家在考察的基础上进行了滑坡编目，基本达到了标准化、规范化的要求，但这个时期研究的区域普遍较小、内容杂、专业性不够强。80 年代随着计算机技术和绘图系统的发展，滑坡数据库除增加记录外，还利用已有的信息进行滑坡制图。这个时期联合国教科文组织领导的世界滑坡编目组曾两度提出世界滑坡编目和建立数据的方案，工作取得了一定进展(邓养鑫，1983)，但其编目和数据库所列项目较少，公布的资料也不多(钟敦伦等，1998；Kirschbaum et al. , 2009)。

20 世纪 90 年代以来，全球互联网进入高速发展时期，网络海量数据存储也开始逐渐成熟起来。网络数据库突破了传统结构化关系数据库的模式，提供了将非结构化数据库和各种传统关系数据库方便上网发布的综合能力。网络数据库的优势主要有规模大、数据量多，增长速度快以及数据条目更新快、周期短，查询检索快等(罗春荣,2003)。这个时期,滑坡灾害网络数据库也发展并完善起来,特别是发达国家特别重视灾害数据的建设以及数据信息的共享,已经建成的数据库可通过互联网进行访问。表3.1中列出了国外较为成熟的6个滑坡研究机构及滑坡网络数据共享网址,这些机构包括世界卫生组织(WHO)、美国、日本、英国和比利时等国际组织和国家组织,其中美国对滑坡网络数据库的建设贡献最大,数据也最全面。这些数据库在建设时就考虑了数据共享的需要,在数量、可访问性到记录滑坡的种类、检索条件以及查询结果等的设计上均有利于滑坡灾害信息在本国及国际范围的流通与共享,数据库建设较为规范,信息共享程度高。但这些数据库中的数据主要描述的全球重大滑坡灾害,针对国家方面的研究往往数据量较少,精度较低。

表3.1 滑坡研究机构及滑坡网络数据共享网址

机构名称	内容/性质	网址
国际滑坡协会(ICL)	创建于日本东京的国际性非政府非营利性的科学研究组织,主要用来促进滑坡灾害研究,对城市、农村和发展中地区等进行滑坡风险评价并开发滑坡数据库,实时发布滑坡事件	http://iclhp.org
美国地质调查局(USGS)	美国官方研究机构,主要用来研究滑坡、泥石流、洪水、火山等方面的灾害,包括对灾害的实时监测、模型开发以及数据共享等,实时发布滑坡事件	http://landslides.usgs.gov/recent
国际滑坡中心(ILC)	杜伦大学滑坡研究机构,主要研究世界滑坡的分布、产生原理及风险评估等,实时发布滑坡事件	http://www.landslide-centre.org
应急灾害数据库(EM-DAT)	由世界卫生组织(WHO)和比利时政府组建,主要用来记录和发布全球范围内的重要灾害事件	http://www.em-dat.net
美国地球物理联盟(AGU)	美国学术联盟,涵盖了地球物理方面前沿理论及技术方法,主要涉及滑坡、泥石流、洪水等灾害研究,其滑坡博客实时发布全球重要的滑坡事件	http://blogs.agu.org/landslideblog/
滑坡数据及潜在风险数据库	由美国航空航天局(NASA)和俄克拉荷马大学组建,主要是用来预测全球降雨滑坡的发生区域,同时记录和发布全球范围内的重要灾害事件	http://eos.ou.edu/

Kirschbaum等(2010)收集了2003年、2007年、2008年三年的全球滑坡记录,并构建了统计数据库。分析了这三年中,全球滑坡的主要空间分布,从图3.1可以看出,滑坡主要分布在亚洲的中国、印度,东南亚的印度尼西亚,北美的美国,以及欧洲的部分国家。

中国方面,较为成熟的网络滑坡数据库较少,数据库标准不统一,数据来源的可靠性与广泛性有待提高,数据管理范式,包括数据库中字段名称、数据类型与国外同类数据库不一致,互访与接轨中存在明显的不协调,难以有效的共享。并且,

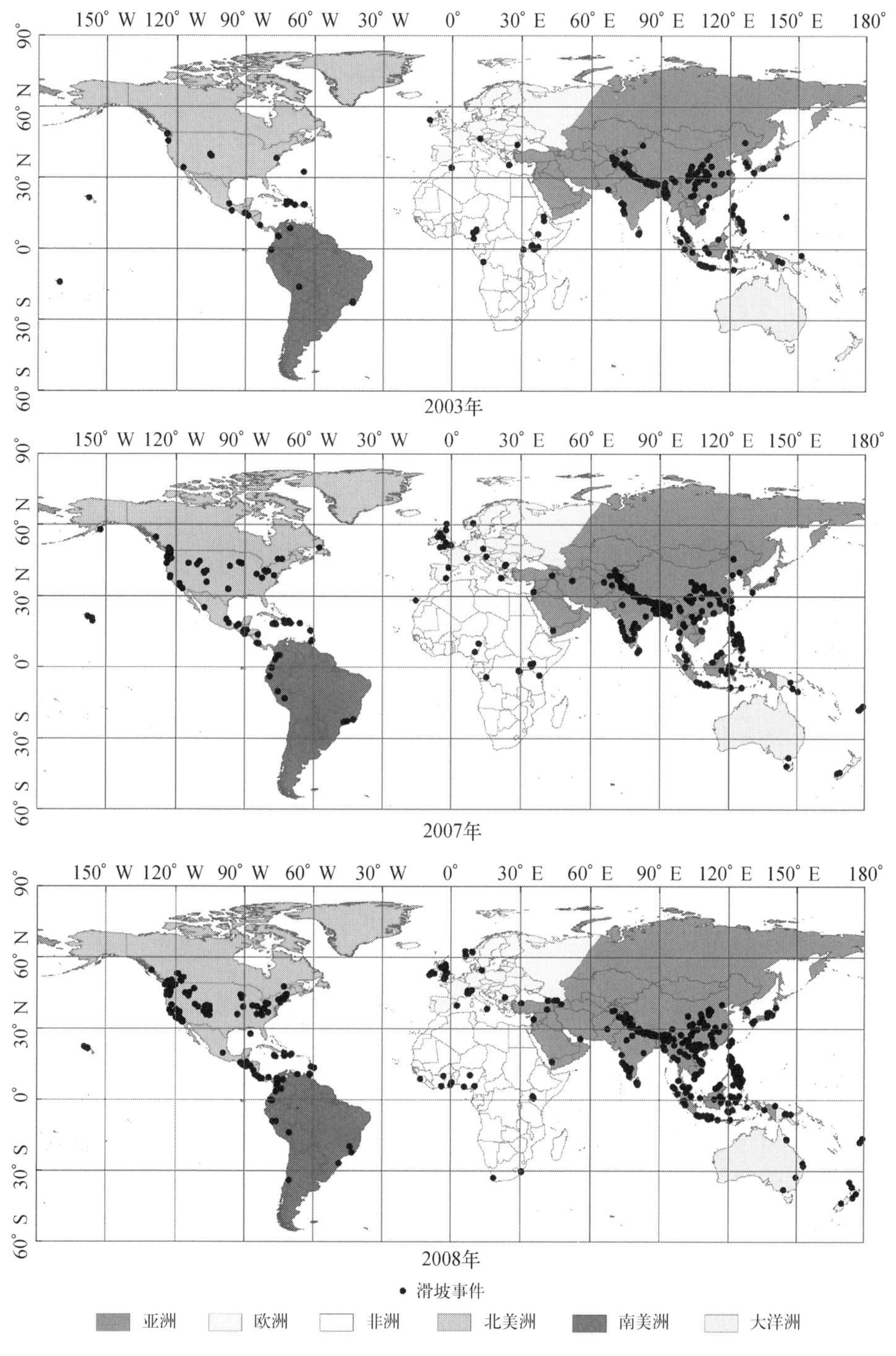

图 3.1 2003 年、2007 年、2008 年全球滑坡事件分布(后附彩图)

资料来源：Kirschbaum et al.，2010

已建成并在网络上发布的这些滑坡数据库一般是依托某个项目进行，数据的后续更新和维护不及时，甚至在某个时间之后就再也没有更新或服务器停止工作。较有代表性的滑坡网络数据库主要有以下2个。

（1）中国及邻区地应力和地质灾害数据库查询系统。网址为（http：//www.geomech.ac.cn/geo0503/），它是由中国地质科学院地质力学研究所开发与维护的，包括地应力分布数据库和地质灾害分布数据库两部分，其中滑坡数据存储在地质灾害分布数据库中。该系统的建立旨在较为全面、系统地掌握中国现今地应力的分布特征、大小和方向；通过建立地质灾害数据库查询系统，可以较为系统地掌握中国各类重大地质灾害的发育、分布状况、危害程度以及发展趋势，从而进一步加强地质灾害防治与管理、工程建设决策和规划提供科学依据，为减轻地质灾害所造成的经济损失和人员伤亡作出贡献。图3.2描述了该系统的滑坡灾害查询部分，滑坡数据的时间从1935～2001年；地点包括28个省份；另外还包括经纬度、滑坡成因、体积、直接经济损失等条目。该灾害数据库系统较为完善，灾害事件可以通过不同的字段来查询检索。但数据库存储的数据仅限于1935～2001年间，2001年之后的数据就不再更新；此外，数据库中描述滑坡位置的经纬度精度较低，只精确到0.1°。

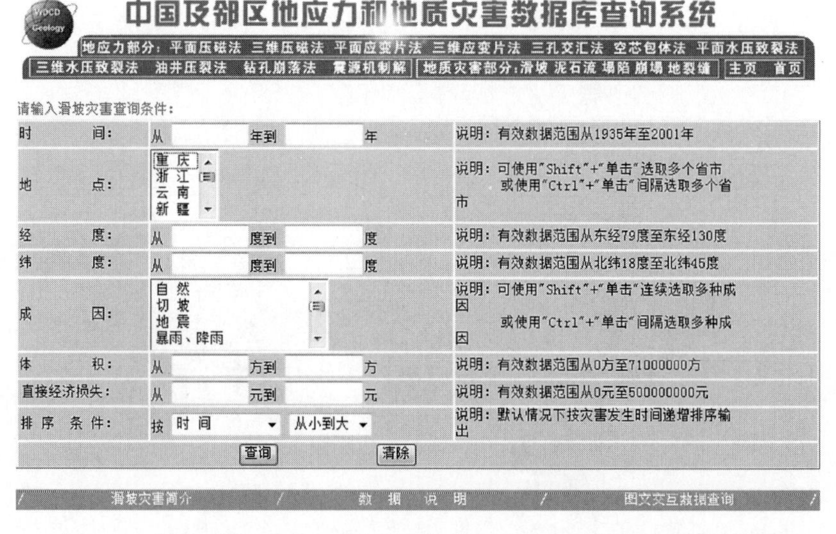

图3.2 中国及邻区地应力和地质灾害数据库查询系统中滑坡数据检索

（2）中国地质环境信息网。网址为（http：//www.cigem.gov.cn/），它是由国土资源部下属的中国地质环境监测院开办，于2000年12月27日正式开通，是目前第一家全面反映中国地质环境行业动态信息的专业网站。

该网站集政府管理、专业研究和科普教育于一体，主要内容报告综合新闻信息和专业信息两大部分。目前网站已建成包括地质灾害、地下水资源与环境、地质遗迹等在内的 20 个专业栏目，共有 400 条各类地质环境信息条目，数百张专业图件和近百万字的各类地质环境信息文字资料。地质灾害事件以新闻条目的形式在网上发布，图 3.3 描述了 1 起滑坡灾害事件，通过文字描述记录了滑坡发生的具体，灾害造成的人员伤亡及房屋损坏数量。该网站实时更新，存储了最新发生的滑坡事件，但存储的数据无法进行检索，缺少滑坡发生的经纬度信息，描述滑坡的标准不统一。

地质灾害灾情险情报告第164期：甘肃省发生1起山体滑坡 2人死亡24人受伤

发表日期：2013-12-10　作者：　来源：国土资源部　所属栏目：地质灾害灾情险情报告：地质灾害应急

接甘肃省厅报告，12月4日20时30分许，陇南市武都区的中铁十八局兰渝铁路西秦隧道标段范家坪隧道员工居住区发生1起山体滑坡，经初步调查，灾害造成3间房屋被毁，2人死亡、24人受伤。灾害发生后，当地政府和国土资源主管部门立即赶赴现场展开救援及应急调查。同时，省厅地环处人员已会同省应急中心技术人员赶赴现场调查。

图 3.3　中国地质环境信息网描述的滑坡事件

以上总结了目前常见的滑坡事件数据源，主要包括媒体报道、滑坡历史编目、网络数据库，但这些数据源包括的滑坡数据大部分不够完整，例如，缺少滑坡发生的空间信息，滑坡等级分类没有统一的标准，滑坡诱导因素模糊，没有构建空间与属性信息统一的高级数据库进行统一管理等，这些滑坡数据如果用作学术研究及决策分析等方面，将缺少实际的应用价值。因此，统一滑坡数据的编目及开发相应的数据库意义重大。

3.1.2　滑坡数据编目

根据上面提到的滑坡数据源，从媒体报道、中国统计年鉴以及中国的网络数据库中筛选出从 1949 年新中国建立到 2011 年的 1 221 个信息完整的典型滑坡事件数据，并进行分类编目(国外网络数据库中的数据用于后期结果的验证，在本章中未涉及)，区分不同的滑坡事件通过下面的 9 种编目属性。

(1) 编号(ID)。从 1949 年到 2011 年，按照时间进行排序，从 1 开始进行编号，其中某个相同时间且相同区域的群体滑坡，只选择其中最为典型的单个滑坡事件进行记录。

(2) 时间(年/月/日，YY/MM/DD)。这栏属性是滑坡发生的时间，由于数据源中的数据大部分是以天为统计单位，所以时间编目的格式为年/月/日(YY/MM/DD)。

(3) 省级单元(Province)。省级单元作为中国的一级行政区划，能够粗略描述滑坡的地域分布，该属性可以为不同省滑坡灾害预测与决策提供支持。

(4) 位置(Location)。位置是滑坡灾害发生的经纬度信息，数据编目中采用国际惯用的 WGS84 坐标系。由于滑坡发生可能是在某个范围或者区域中，我们在数据统计中统一将滑坡发生的中心位置的经纬度信息作为该次滑坡事件的位置；此外，该滑坡编目是以整个中国范围为尺度，并考虑 1 km 制图的要求，将滑坡发生的经纬度精度统一为 0.01°。

（5）原因(Cause)。这个条目用来记录滑坡的诱导因素，降雨、地震、冰雪融化、洪水、人类因素等；或某个滑坡是由多种因素引起。

（6）死亡人数(Fatalities)。该条目记录了在某个滑坡事件中被确认的死亡人数，其中不包括受伤及失踪的人数。用"N/A"来表示此次滑坡事件缺少死亡人数信息。

（7）直接经济损失(Direct economic losses，元)。该条目用来记录滑坡造成的费用支出与财产损失，单位用人民币元来表示。用"N/A"来表示缺少直接经济损失统计信息。

（8）间接经济损失(Indirect economic losses，元)。该条目用来表示除了直接经济损失产生的额外经济损失，例如，消减或停止生产的损失、误工费以及资源损失费等。用"N/A"来表示缺少间接经济损失统计信息。

（9）分类(Class)。该条目是对滑坡等级的划分，分类标准参照 2004 年国务院颁发的《地质灾害防治条例》中指定的标准。将死亡人数为 0 或者数据缺失定义为等级 1；死亡人数在 1～3 的，定义为等级 2；死亡人数在 4～10 的，定义为等级 3；死亡人数在 11～30 的，定义为等级 4；死亡人数大于 30 的，定义为等级 5。

表 3.2 阐述了经过上面介绍的滑坡统一编目，收集得到的 1 221 条中国典型滑坡记录，由于后面部分会介绍这些数据的开放数据库，所以这里只显示了第 1,2 及 1 221 条记录，中间的记录加以省略。

表 3.2　收集得到的滑坡历史数据

编号 ID	时间 Time (年/月/日)	省级单元	位置		原因	死亡人数	直接经济损失/元	间接经济损失/元	分类
			经度	纬度					
1	1949/5/4	青海	101.80	36.60	Loess	280	N/A	N/A	5
2	1949/7/1	辽宁	123.90	41.80	Human	N/A	3亿	N/A	1
⋮	⋮	⋮	⋮	⋮	⋮	⋮	⋮	⋮	⋮
1221	2011/9/29	重庆	105.43	29.42	Rainfall	N/A	0.8亿	N/A	1

3.1.3　滑坡数据的不确定性

滑坡数据由于缺少足够的数据源以及时间跨度大，数据库编辑及标准统一等难度降低了数据库的完整性与描述滑坡精度，这些问题也是不可避免的，同样的问题也出现在其他的许多研究中(Refice and Capolongo，2002；Che et al.，2012；

Peruccacci et al.，2011)。该数据库中滑坡数据的不确定性主要有以下几个方面。

(1) 滑坡的诱导因素通常情况下多种因素共同作用的结果，但在新闻报道中多数情况下只是描述影响滑坡产生的主导因素，忽略了其他次要因素，数据库中的诱导因素是以影响滑坡产生的主导因素为准。

(2) 滑坡造成的经济损失是一个模糊统计的数据，许多新闻报道中出现的经济损失都是一个大约估算的数字，造成数据库中经济损失这一栏的数据缺少准确性。

(3) 在人口稀少的地区，滑坡疏于监测及防范，缺少滑坡的数据记录。例如，在中国的西北及西南地区，人口分布稀少，政府重视程度不够，造成很多滑坡事件缺少记录。

(4) 收集的记录一般具有不同的尺度，滑坡描述有的以村为单位、有的以县为单位、有的以市为单位；根据后面制图的需要，将数据库中描述滑坡发生的经纬度统一到0.01°。

3.2　滑坡网络数据库系统

3.2.1　WebGIS

3.1.1节中介绍了多种滑坡数据源，其中网络数据库作为一种开放、海量存储、实时的数据查询及管理的手段，已逐渐成熟，成为目前研究的热点。但从国内外滑坡网络数据库的分析中可以看出，目前的数据库只是针对属性数据的语义描述，缺少重要的滑坡空间分布及关系等信息，空间信息与属性信息相脱离。因此，解决这个重要的问题是后期滑坡数据分析及决策的关键。

20世纪90年代以“美国国家信息基础设施计划”(NII)的提出为起点，以Internet为范例的信息高速公路建设席卷全球，此时GIS的发展也迎来了全新的发展机遇。1995年，一种基于Internet技术标准、以Internet为平台的分布式架构的GIS系统- WebGIS系统(万维网地理信息系统)首先在美国出现。随着人们对地理信息需求的增加，基于Internet发布地理信息数据，供全球用户查询、检索并提供GIS服务的WebGIS已成为地理信息系统发展的重要方向之一(周成虎等，2001)。

WebGIS一般由主机、数据库和客户端以分布式连接在Internet上而组成，包括四个部分：浏览器、服务器、编辑器以及信息代理。它的主要特点有以下几个方面。

(1) 数据访问广。全球范围内任意的客户可以同时访问多个世界不同的WebGIS服务器上的数据，实现了多源数据的整合及管理。

(2) 平台独立性。用户可以不限任何的客户机、服务器以及操作系统，只要使用了通用的Web浏览器，就可以透明访问WebGIS的数据库，实现远程异构数据的共享。

(3) 简洁高效。突破了以往GIS系统成本高、技术难度大的特点，用户可以通过通用浏览器进行浏览和查询，从而大大降低了系统的成本；同时，WebGIS可以充分利用网络资源，将基础性、全局性的处理交由服务器执行，而把数据量较小的简单操作交由客户端完成。

(4) 良好的可扩展性。WebGIS可以与Web中的其他应用服务整合到一起，建立灵活多样的GIS应用。

WebGIS系统可对图形数据和属性数据共同管理、分析和应用，它可将空间查询和分析系统结合起来实现信息查询与检索功能，将矢量图形系统中的图形与属性数据库中的记录连接起来，把属性资料与图形元素关联起来，根据检索条件进行图文双向检索，实现在Internet上基于空间位置信息对滑坡灾害的管理，如对图形的操作，包括放大、缩小、移动及图层的组合显示等，对滑坡灾害信息的查询，包括分类查询、组合查询与模糊查询等、修改、更新、删除等。由于每个连接信息中记录了与之相关的图形对象的唯一标识号和资料记录的唯一标识号，所以可以实现由图形查属性数据以及由属性资料查图形，并将查询结果可视化的功能。滑坡数据通过WebGIS技术来进行系统管理，弥补了目前滑坡网络数据库中空间信息与属性信息脱离的问题，同时可视化程度高，显示的数据简洁、直观。

WebGIS是基于网络空间数据共享的最初模式，它通过Web浏览器或移动设备为终端作为客户端，利用网络作为数据传输介质，实现了数据的分布式处理；目前的WebGIS软件(Mapinfo的MapXtreme，Intergraph的GeoMedia以及ESRI的ArcGIS Server等)仍是封闭的分布式系统，难以与其他分布式系统进行数据共享以及功能协作，只能通过数据转换格式或调用外部组件来实现数据共享，不同的技术构建的组件之间难以相互调用，具有一定的约束(冯骏，2013)。

3.2.2　Google地图服务与Google Maps API

2005年前后，Google公司推出了Google地图服务，包括Google Maps与Google Earth；同时，发布了应用编程接口-Google Maps API，将网络地图服务提升到了更高的层次(Gibson和Schuyler，2006)。Google Maps API有Javascript和Flash两个版本，JavaScript版本的Google Maps API本质上是有JavaScript脚本编制的程序，所有功能都封装在类中，也是本书选择的开发版本。本书涉及的类主要包括以下几个方面。

(1) 地图类Map。地图类Map是Google Maps API中最核心的部分，其他类都是基于Map类展开。它提供了若干地图服务功能：地图配置、控件添加、类型变更、状态改变、事件监听、叠加层的递减与信息窗口添加等。

(2) 标记类 Marker。Marker 类用来创建制定选项标记的类,除 Map 类外使用最多的就是 Marker 类。在设置好标记显示的位置后,可以将标记直接添加到地图上,例如,信息显示、位置查询等功能都必须使用 Marker 类中的方法。

(3) 信息窗口类 InfoWindow。InfoWindow 类用于创建带有制定选项的信息窗口。信息窗口的内容可以是文本,也可以是 html 网页。窗口位置取决于选项中的位置,既可以放置在地图上的特定位置,也可以标记于地图的上方。

如今,越来越多的网站已经利用 Google Maps API 将扩展的地图服务整合到自身应用中。例如,Gibin 等(2008)利用 Google Maps API 开发了伦敦市社会资源数据的网络地图服务;中国地震网将历史上发生地震的位置及相关信息通过 Google Maps 进行标注(苏娟等,2010);来优团购网等热门团购网站利用 Google Maps API 开发了团购地图等。Google 地图服务的出现和 Google Maps API 的广泛应用一定程度上满足了大众对地理信息服务的要求,降低了 WebGIS 系统开发的成本和难度,提高了地理信息的公众认知度,适应了地理信息行业社会化和大众化的发展方向。

Google 地图服务通过网络为用户提供免费易用的地理空间数据和 API,对于建立通用的网络地图服务平台具有很大优势。Google 公司作为最早提供 API 地图服务的企业,其技术更加成熟,搭建的 WebGIS 系统更加稳定,主要的特点有以下几个方面。

(1) 操作简易。传统的 WebGIS 开发平台如 ArcGIS Server、MapXtreme 等往往拥有庞大的基础组件库,软件购买也需要大量的费用。而 Google Maps 是面向公众的网络地图平台,往往不需要使用过多的组件,也不需要大量的费用支出。它采用异步 JavaScript 和 XML(Asynchronous JavaScript and XML, Ajax)与地图分层切片拼接相结合的方案,是一种新型的网络地图服务,使用者能通过互联网免费使用 Google Maps API 开发 Google 地图应用服务。

(2) 地理数据的易得性。在传统的网络地图应用中,数据需要自行购买,不能免费共享,用户需要承担数据更新维护。Google 地图服务的出现改变了该现状,它免费提供不同尺度和分辨率的地图数据资源,并且数据会定时更新。

(3) 地图操作的简便性。Google 地图的设计及功能符合人性化需求,而且操作简单,提供漫游、自由缩放、距离量算等基本功能。另外,Google 地图服务还提供了强大的空间分析功能。

3.2.3　云数据库及 Google Fusion Tables

云计算(cloud computing)是计算机技术发展的最新趋势,它在分布式处理、并行处理和网络计算等技术的基础上发展起来的,它可以自我维护和管理庞大的虚拟计算资源(包括计算机服务器、存储服务器以及宽带资源等),从而提供各种网络服务(陈康和郑纬民,2009)。WebGIS和云计算都是以Internet为基础发展起来的,因此云计算中的架构及原理对于WebGIS系统设计有着重要的借鉴作用。从中发展起来的云数据库极大地增强了数据库的存储能力,消除了软硬件的重复配置,同时也虚拟化了许多后端功能,具有高扩展性、高可用性,大规模并行处理及支持资源有效分发等特点(林子雨等,2012)。

Google Fusion Tables是由Google公司开发的一款云计算数据库产品,它采用了基于空间数据的技术(Gonzalez et al., 2010),它的创建链接为http://www.google.com/drive/apps.html#fusiontables。Fusion Tables是一个与传统数据库完全不用的数据库,它弥补了传统数据库中的很多缺陷,如通过采用数据空间技术,能够简单地解决关系数据库中管理不同数据类型的麻烦,以及排序整合等常见操作的性能问题。Fusion Tables可以上传100 MB以下的数据表文件,支持.csv及.xls格式文件,并且具有处理大规模数据的能力,它的每行都包含特定地图项的相关数据。Google Maps API可以将Fusion Tables中包含的数据呈现为地图上的图层。

我们将收集到的1 221条滑坡数据(.csv格式文件)导入Fusion Tables中,其数据表的显示如图3.3所示,数据按经纬度信息展示在Google Map中(图3.4)。从图中可以看出,收集到的这些典型滑坡数据主要分布在中国的南部地区。

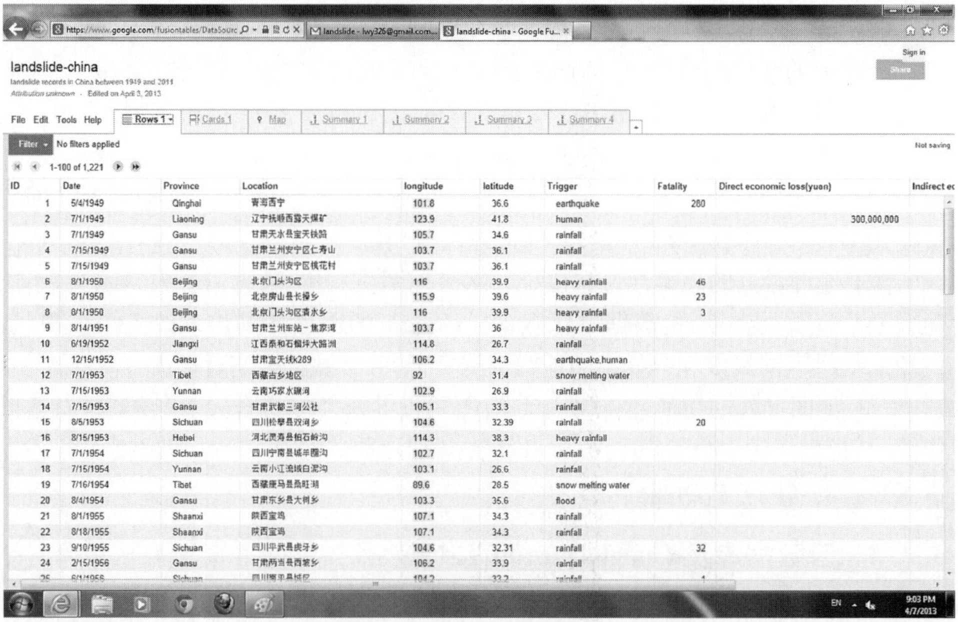

landslide-china
landslide records in China between 1949 and 2011
Attribution unknown · Edited on April 3, 2013

File Edit Tools Help | Rows 1 | Cards 1 | Map | Summary 1 | Summary 2 | Summary 3 | Summary 4

Filter No filters applied　　Not saving

1-100 of 1,221

ID	Date	Province	Location	longitude	letitude	Trigger	Fatality	Direct economic loss(yuan)	Indirect ec
1	5/4/1949	Qinghai	青海西宁	101.8	36.6	earthquake	280		
2	7/1/1949	Liaoning	辽宁抚顺西露天煤矿	123.9	41.8	human		300,000,000	
3	7/1/1949	Gansu	甘肃天水县宝天铁路	105.7	34.6	rainfall			
4	7/15/1949	Gansu	甘肃兰州安宁区仁寿山	103.7	36.1	rainfall			
5	7/15/1949	Gansu	甘肃兰州安宁区桃花村	103.7	36.1	rainfall			
6	8/1/1950	Beijing	北京门头沟区	116	39.9	heavy rainfall	46		
7	8/1/1950	Beijing	北京房山县长操乡	115.9	39.6	heavy rainfall	23		
8	8/1/1950	Beijing	北京门头沟区清水乡	116	39.9	heavy rainfall	3		
9	8/14/1951	Gansu	甘肃兰州车站-焦家湾	103.7	36	heavy rainfall			
10	6/19/1952	Jiangxi	江西泰和石榴坪大路洲	114.8	26.7	rainfall			
11	12/15/1952	Gansu	甘肃宝天线k289	106.2	34.3	earthquake,human			
12	7/1/1953	Tibet	西藏古乡地区	92	31.4	snow melting water			
13	7/15/1953	Yunnan	云南巧家水碾河	102.9	26.9	rainfall			
14	7/15/1953	Gansu	甘肃武都三河公社	105.1	33.3	rainfall			
15	8/5/1953	Sichuan	四川松攀县双河乡	104.6	32.39	rainfall	20		
16	8/15/1953	Hebei	河北灵寿县柏石岭沟	114.3	38.3	heavy rainfall			
17	7/1/1954	Sichuan	四川宁南县城羊圈沟	102.7	32.1	rainfall			
18	7/15/1954	Yunnan	云南小江流域白泥沟	103.1	26.6	rainfall			
19	7/16/1954	Tibet	西藏康马县桑旺湖	89.6	28.5	snow melting water			
20	8/4/1954	Gansu	甘肃东乡县大树乡	103.3	35.6	flood			
21	8/1/1955	Shaanxi	陕西宝鸡	107.1	34.3	rainfall			
22	8/18/1955	Shaanxi	陕西宝鸡	107.1	34.3	rainfall			
23	9/10/1955	Sichuan	四川平武县虎牙乡	104.6	32.31	rainfall	32		
24	2/15/1956	Gansu	甘肃两当县西坡乡	106.2	33.9	rainfall			
25	6/1/1956	Sichuan	四川南平县城区	104.2	33.2	rainfall	1		

图3.4 Google Fusion Tables对滑坡记录的显示

3.2.4　基于网络服务的滑坡数据库系统设计与开发

1) 数据库系统基本架构

Google Fusion Tables 将数据表中的空间与属性信息统一了起来，以云端数据库的形式，便于用户进行统一的管理。另外，用户可以通过 Google Maps API 调用 Fusion Tables 相关接口，实现其他需要的地图服务功能。

我们利用 Google Maps API 的功能，滑坡数据编目及可视化表达需求，将数据库系统设计为以下四部分(图3.5)。

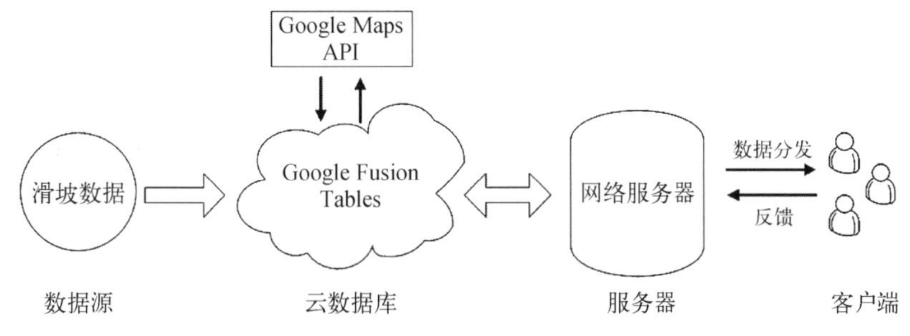

图3.5　滑坡数据库主要框架

(1) 数据。滑坡数据来自上面提到的已收集并编目的1 221条从1949～2011年的典型滑坡记录。

(2) 云数据库。将数据源导入 Google Fusion Tables 中，并通过 Google Maps API 进行数据之间的调用及其他功能的开发。

(3) 服务器。服务器介于云数据库与客户端之间，能够处理这两者之间的请求及回复。同时，它对云数据库起到了保护的作用，能够过滤掉来自客户端的非法操作。

(4) 客户端。客户端提供了数据库主要功能的显示：数据可视化、滑坡编目数据统计、查询等。用户可以获取云数据库的数据，并将信息反馈给服务器。

2) 平台开发环境

在.NET 框架下建立的基于 Google Maps 的中国典型滑坡数据库系统平台，其开发环境如下。

(1) 操作系统：Windows 7,64 位(SP1)。

(2) Web 服务器：微软的网络信息服务器 IIS 7.5。

(3) 网页开发语言：JavaScript、HTML、C＃。

(4) 数据传输格式：JSON(JavaScript Object Notation)。

(5) 地图制图服务 API：Google Maps API。

(6) 云数据库：Google Fusion Tables。

(7) 开发工具：Visual Studio 2008。

3) 结果分析

目前该网络数据库系统已经发布，网址为（http：//eos. ou. edu/hazards/landslide/）。其中包括两部分内容：地图可视化与数据统计。

(1) 地图可视化-滑坡数据的空间及属性信息。图 3.6 显示了数据库系统的地图可视化部分，左边是典型滑坡数据的空间分布，底图有地形图及卫星图像两种选择；右图是按照滑坡编目信息显示的滑坡属性信息。其中，滑坡数据按照死亡人数分类赋予不同的颜色在图上进行显示，最高等级 5 以红色表述；此外，数据可以根据滑坡发生的年代来分类显示(图 3.7)。该部分实现了滑坡空间与属性数据之间的关联，在图上单击滑坡所在的位置，相应会显示该次滑坡发生的时间及分类，右边的属性栏中会详细显示该次滑坡的具体信息。

图 3.6 滑坡网络数据库系统——地图可视化(后附彩图)

(2) 滑坡数据量化统计。该部分是根据滑坡编目的字段名，对收集到的滑坡数据进行量化统计。用户可以按照系统设置的需求，向服务器发送数据筛选指令，选择需要显示的统计量化指标。其中，第一栏中的统计指标为年代(Year)、月份(Month)、省(Province)、原因(Cause)及分类(Class)；第二栏是用来表示的统计图形形状：垂直条形图(Column Chart)、水平条形图(Bar Chart)以及曲线图(Line Chart)；第三栏为滑坡损失统计，包括死亡人数(Fatalities)以及经济损失(Economic Losses)。图 3.8 显示了按照省级单位进行滑坡死亡人数的统计记录，记录以垂直条形图的形式进行显示，其中 Count(蓝色)表示滑

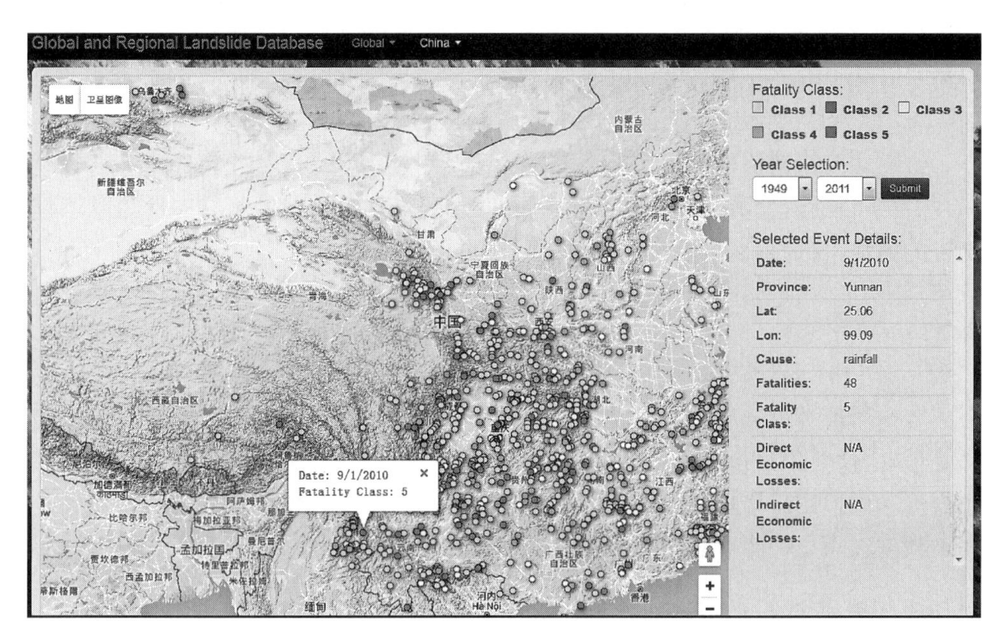

图 3.7　滑坡网络数据库系统——按年代显示滑坡数据(从 2000～2011 年,后附彩图)

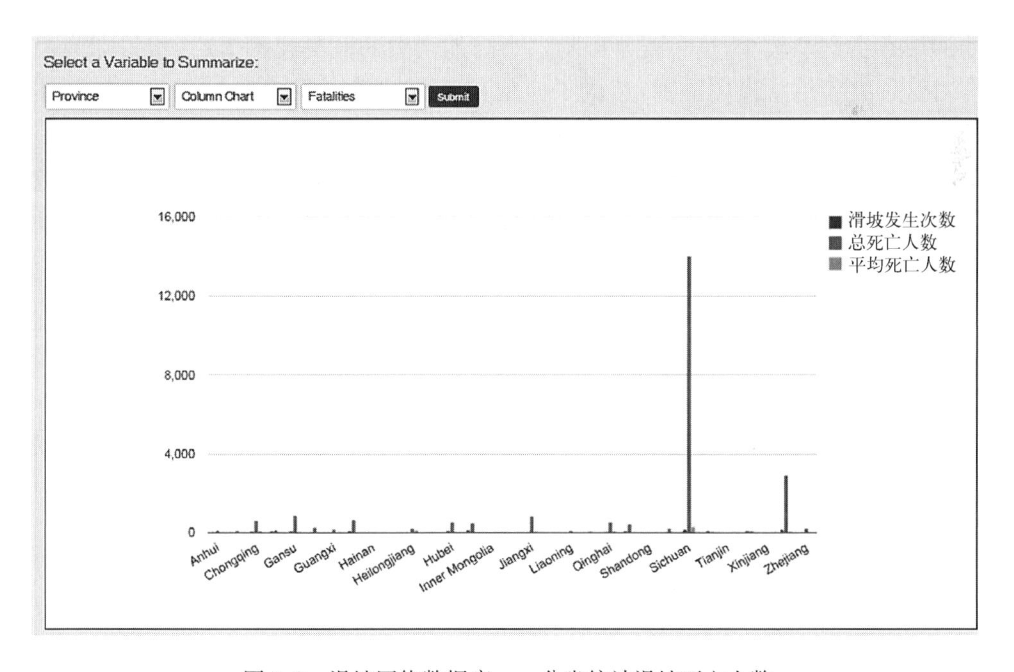

图 3.8　滑坡网络数据库——分省统计滑坡死亡人数

坡数量、Sum Fatalities(红色)表示每个省的滑坡死亡总人数、Average Fatalities(黄色)表示平均的滑坡死亡人数(每个省的滑坡死亡总人数除以省数)。从这个统计中可以看出,滑坡死亡人数最多的省份位于四川省(西南地区),第二位的是浙江省(华东地区)。

该滑坡网络数据库实现了数据存储、查询、更新、共享、可视化及简单分析等功能,弥补了目前滑坡数据编目及网络发布等方面存在的空间信息与属性信息不能统一的劣势,也为后期进一步的分析提供了可靠的依据。

3.3　滑坡数据风险性分析

我们滑坡数据编目的时候记录了滑坡发生的时间、位置、原因、死亡人数以及经济损失,这些记录也是进行滑坡风险分析及评估的重要指标,同时我们在第2章中根据区域地质环境规律,将中国整个范围分成六个一级区划,这一部分重点讨论滑坡数据在六个一级区划中的分布及演化规律。

3.3.1　滑坡数据收集的时空特性

图3.9显示了每个10年阶段滑坡发生的主要位置;图3.10显示了每个10年滑坡发生的主要次数(Landslides Occurrences)。可以看出,从1949~1980年的滑坡数据记录较少,这主要是因为这个时期滑坡的监测技术落后,相关部门没有对这种灾害给予高度重视,造成了完成描述滑坡的记录较少;从1980年开始滑坡记录逐渐增多,这个时期随着经济的发展及人为因素的破坏,自然灾害不断加剧,人们开始关注滑坡的监测及数据统计,完整的数据较多,其中大部分的滑坡记录主要分布在中国的西南及南部地区,造成滑坡的主要因素有:地震、降雨、人为因素等。

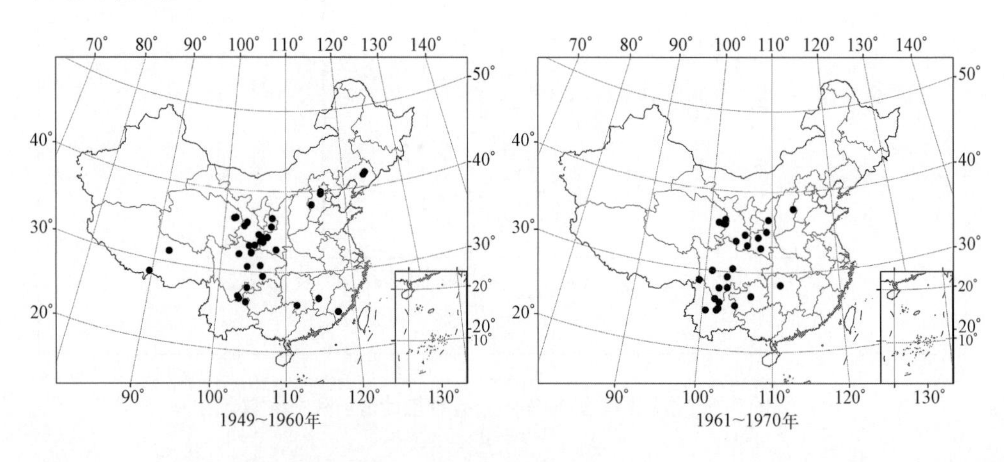

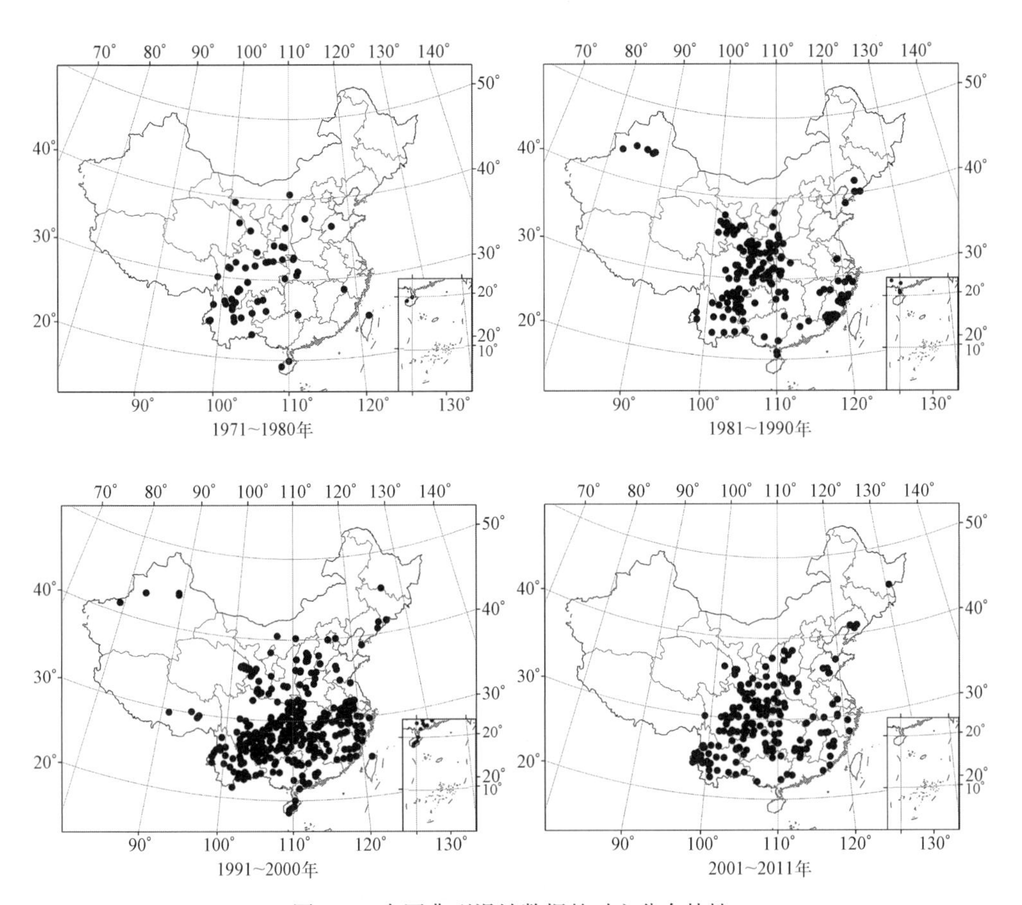

图 3.9　中国典型滑坡数据的时空分布特性

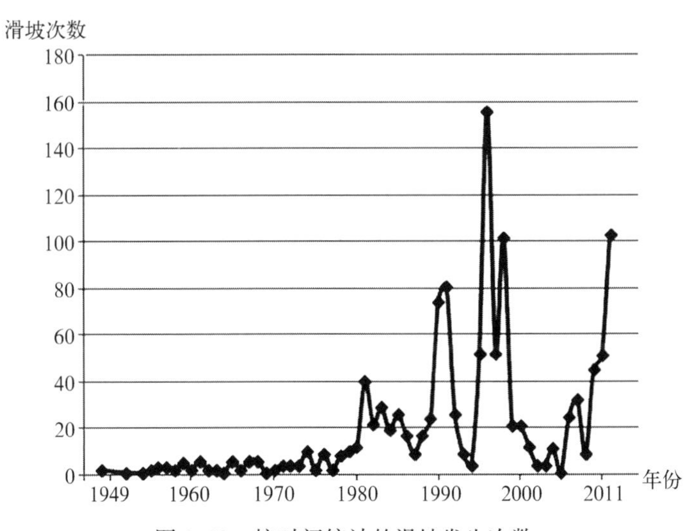

图 3.10　按时间统计的滑坡发生次数

3.3.2 基于区域地质环境一级区划的滑坡数据分析

1. 时空分布规律

从图3.11中可以看出，所有的一级地质环境区域中都有滑坡的发生，大部分的滑坡集中在区域Ⅳ、Ⅱ和Ⅴ中(分区见图2.3)，也就是中国的中部、南部及西南地区。而且，区域与区域的交界处是滑坡发生的集中地带，主要是因为交界处往往是地形及地质环境的过渡地带，具备引起滑坡发生的条件。

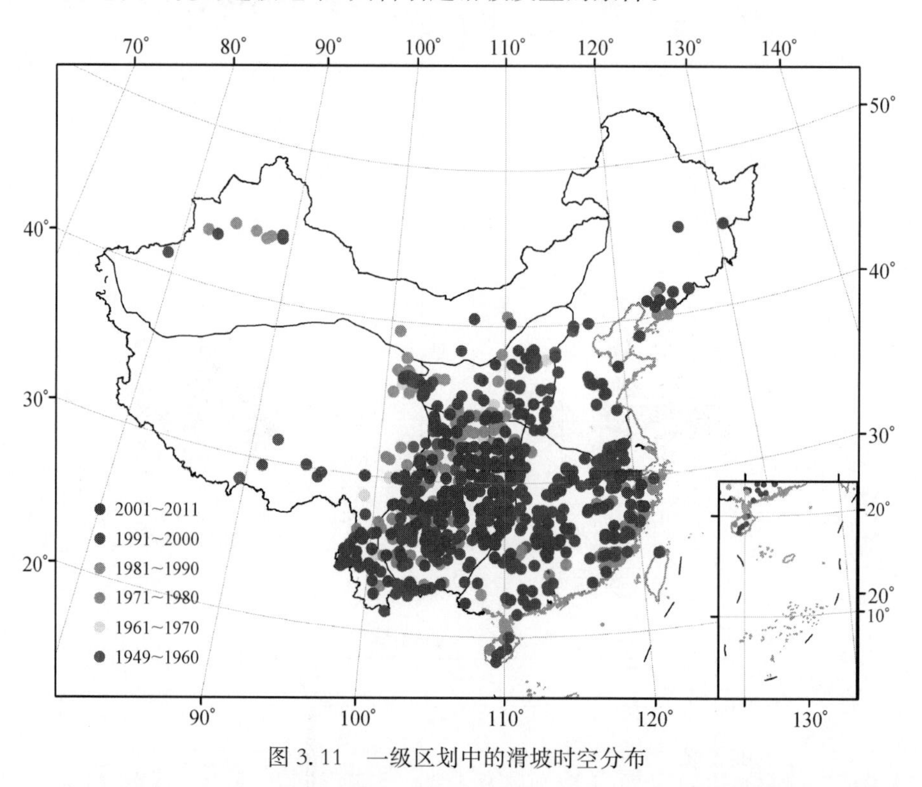

图3.11 一级区划中的滑坡时空分布

图3.12显示，六个一级区划中区域Ⅴ在每个时间段包括的滑坡次数总是最多，可以说明，这个区域是整个中国发生滑坡灾害的集中地段，主要是由于该区域分布密集的构造带、复杂的地质环境、软弱的基座岩层以及充沛的雨水所造成(Huang，2009)。

2. 滑坡诱因及降雨滑坡分析

在滑坡数据库中有一项滑坡诱因的记录，它记录了引起滑坡的主要诱导因素，包括：降雨(rainfall)、地震(earthquake)、洪水(flood)、冰川融雪(snow melting)、土壤侵蚀(soil erosion)、水库影响(reservoir affecting)、人类行为(human)(如采矿、爆破

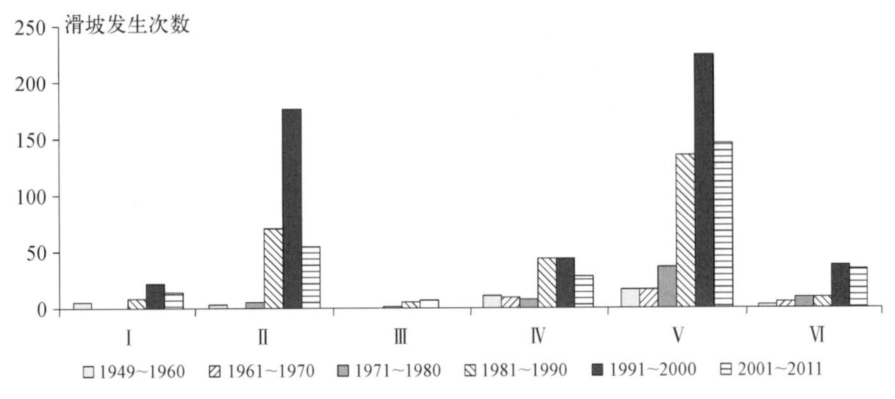

图 3.12　一级区划中的滑坡发生次数

等)以及混合因素(两种以上因素)等。图 3.13 是滑坡记录中诱导因素的百分比统计,降雨是主要的诱导因素,占了总数的 88.78%,而地震占了 0.58%,洪水占了 0.17%。分析原因,降雨引起的滑坡事件较为普遍,且是一种缓慢积累的过程,发生滑坡容易记录;而地震、洪水属于突发性因素,很难确定滑坡发生的具体时间,记录较为困难;此外,多种因素诱导的滑坡由于较为复杂,相应的记录也较少。

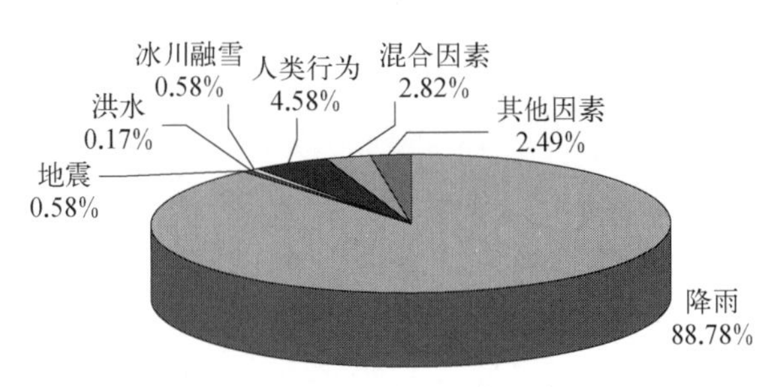

图 3.13　滑坡诱导因素百分比

由于大部分记录是降雨诱导的滑坡,所以滑坡发生主要集中在 6~9 月的雨季(图 3.14)。区域Ⅴ与区域Ⅱ最为明显,大部分的降雨滑坡分布在这两个区域;其他区域滑坡的季节性规律不明显,滑坡主要由多种因素诱导产生。

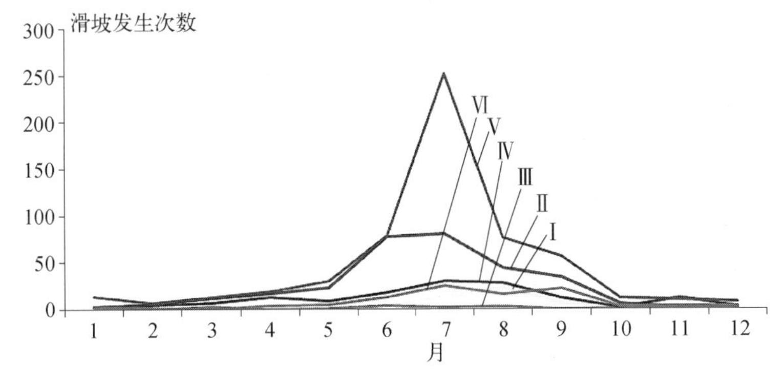

图 3.14　一级区划中按月统计的滑坡发生次数

降雨作为滑坡的主要诱导因素之一，特别是在日降雨量超过50 mm的地区(Liao et al.，2010)。图3.15显示了降雨滑坡的主要分布，蓝色点表示暴雨型滑坡(暴雨- heavy rainfall，12 h降雨在30 mm以上或24 h在50 mm以上)；黄色点表示一般降雨滑坡。降雨滑坡大部分位于区域Ⅴ中，该区域的东边与区域Ⅱ交界的区域容易发生暴雨型滑坡；此外，中国东部沿海的某些地区易产生降雨滑坡，这主要是由于沿海易发生台风、风暴潮的原因。中国的西部地区较为干旱，降雨滑坡记录较少。

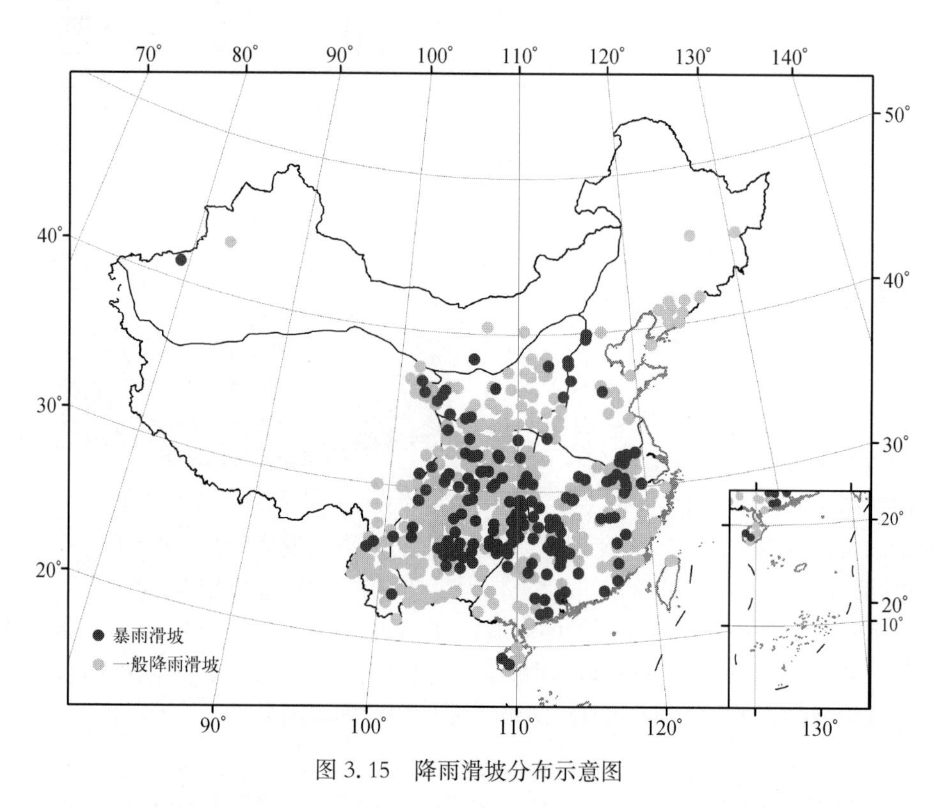

图3.15　降雨滑坡分布示意图

3. 滑坡死亡人数及经济损失分析

滑坡死亡人数与经济损失是评估滑坡灾害的重要指标，数据库中包括这两个记录。其中，按照死亡人数，将收集到的滑坡分为5类。等级5被定义为最高，死亡人数多于30人的滑坡事件。图3.16显示了按滑坡分类显示的数据记录，死亡人数多、等级高的滑坡主要分布在区域Ⅴ与区域Ⅰ、Ⅱ的沿海区域。在这些记录中，最为典型的滑坡有区域Ⅴ的"汶川地震"引起的群体滑坡(有统计显示，因"汶川地震"引起的滑坡死亡人数超过20 000人)，区域Ⅴ与区域Ⅳ的"舟曲山洪泥石流"(死亡人数为1 765人)。图3.17统计了这5个等级分类在6个一级区划中的数量,滑坡等级 1 的数量在总数中占据的最多,其他的滑坡等级在每个区划中的数量基本相似。在区域Ⅴ中,滑坡等级 4 与等级 5 的数量要高于等级 2 与等级 3 的数量,这能够说明该区域发生的滑坡极容易引起大的人员伤亡。

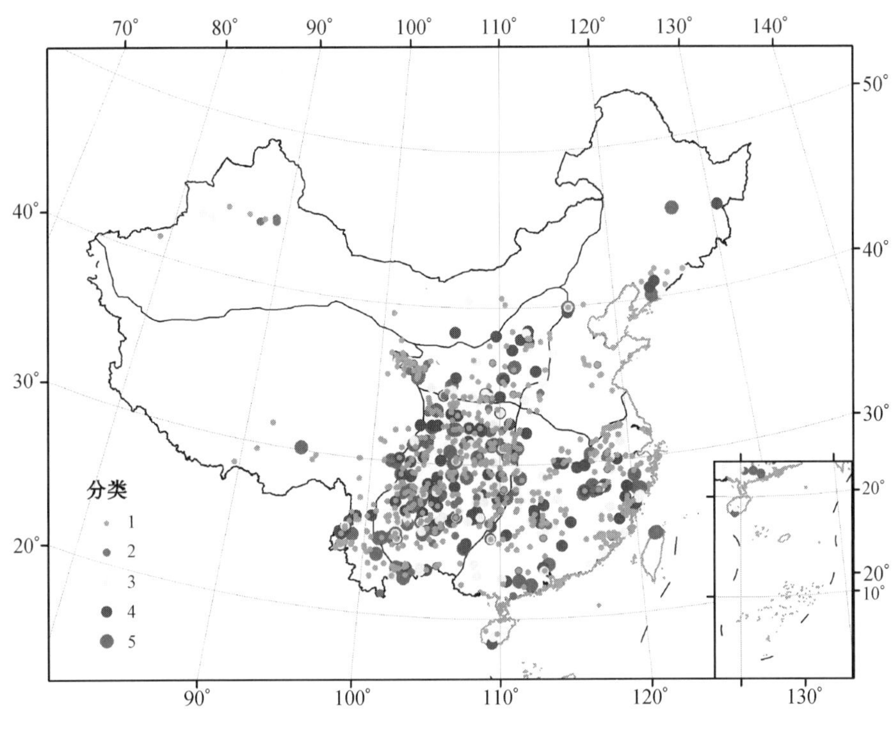

图 3.16　滑坡数据的等级分类示意图

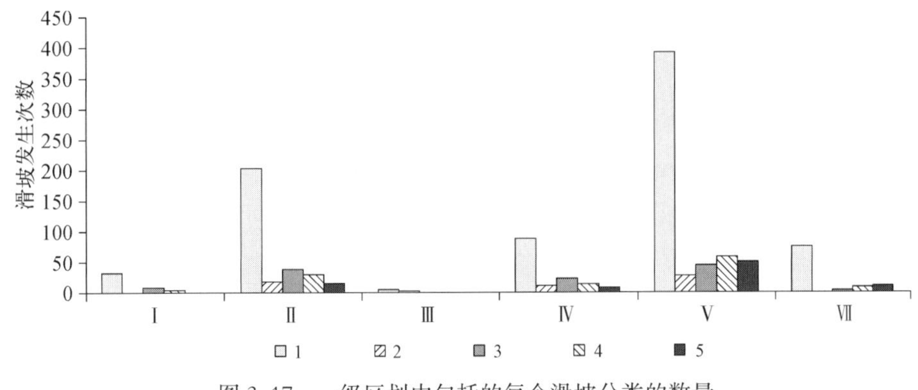

图 3.17　一级区划中包括的每个滑坡分类的数量

在滑坡灾害中,准确的经济损失统计是不现实的,我们在资料收集时,多数是根据新闻报道获取的估算值。数据库中的经济损失包括:直接与间接经济损失。“NaN”表示的缺少数据的统计。图 3.18 显示了滑坡等级 5(死亡人数大于等于 30

人),直接经济损失高于或等于1 000万人民币,以及两者兼有的滑坡记录分布。结果显示,大的滑坡事件通常都会造成严重的人员伤亡及经济损失,特别是在区域Ⅴ中表现最为明显;区域Ⅱ中也有部分经济损失严重的滑坡,但出现死亡人数较多的滑坡次数较少。

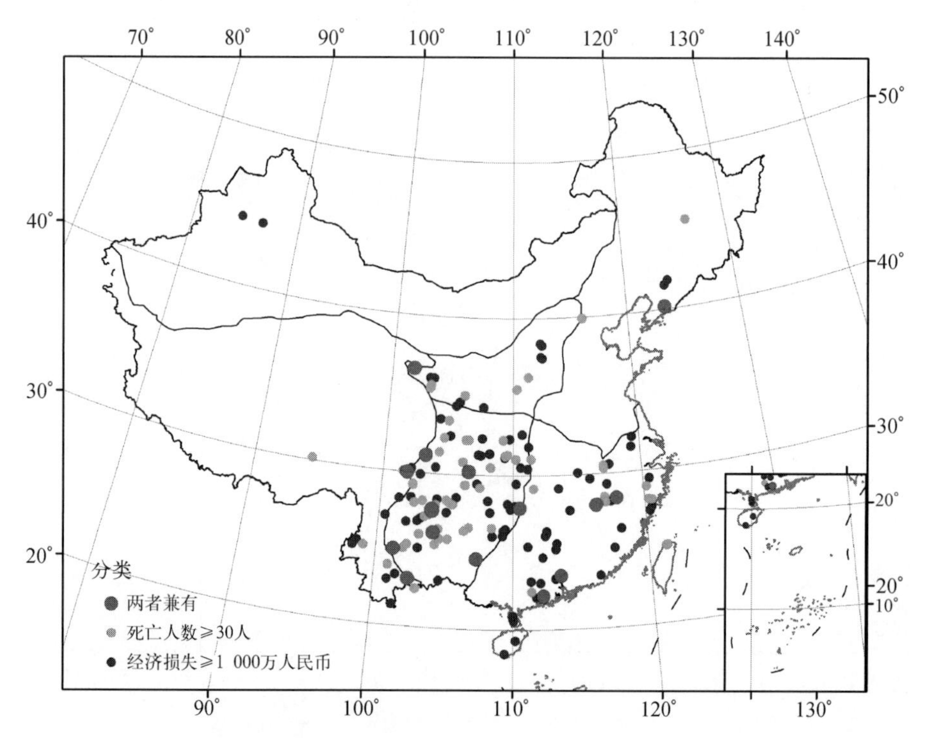

图3.18 死亡人数大于或等于30人,经济损失高于或等于1 000万人民币及两者兼有的滑坡分布

4. 人口密度与滑坡密度之间的关系

从中国典型滑坡数据分析中,我们总结了滑坡的时空分布、成因、死亡人数与经济损失的情况;滑坡事件还说明了发生滑坡的区域将来存在滑坡发生的可能性,周边的居住区存在风险性。

图3.19描述了一级区划中人口密度与滑坡密度之间的关系。其中,人口密度为每平方千米的人口数;滑坡密度为每10平方千米的滑坡数。人口密度数据来自(http://sedac.ciesin.columbia.edu/),NASA的"社会经济数据和应用中心"(socioeconomic data and applications center, SEDAC)。

由图3.19中可见,大部分的滑坡分布在人口密度1 000人/km^{2}以内,区域Ⅰ,Ⅱ和Ⅳ是中国人口最为密集的区域,区域Ⅱ发生滑坡的次数较多,人口密度大于

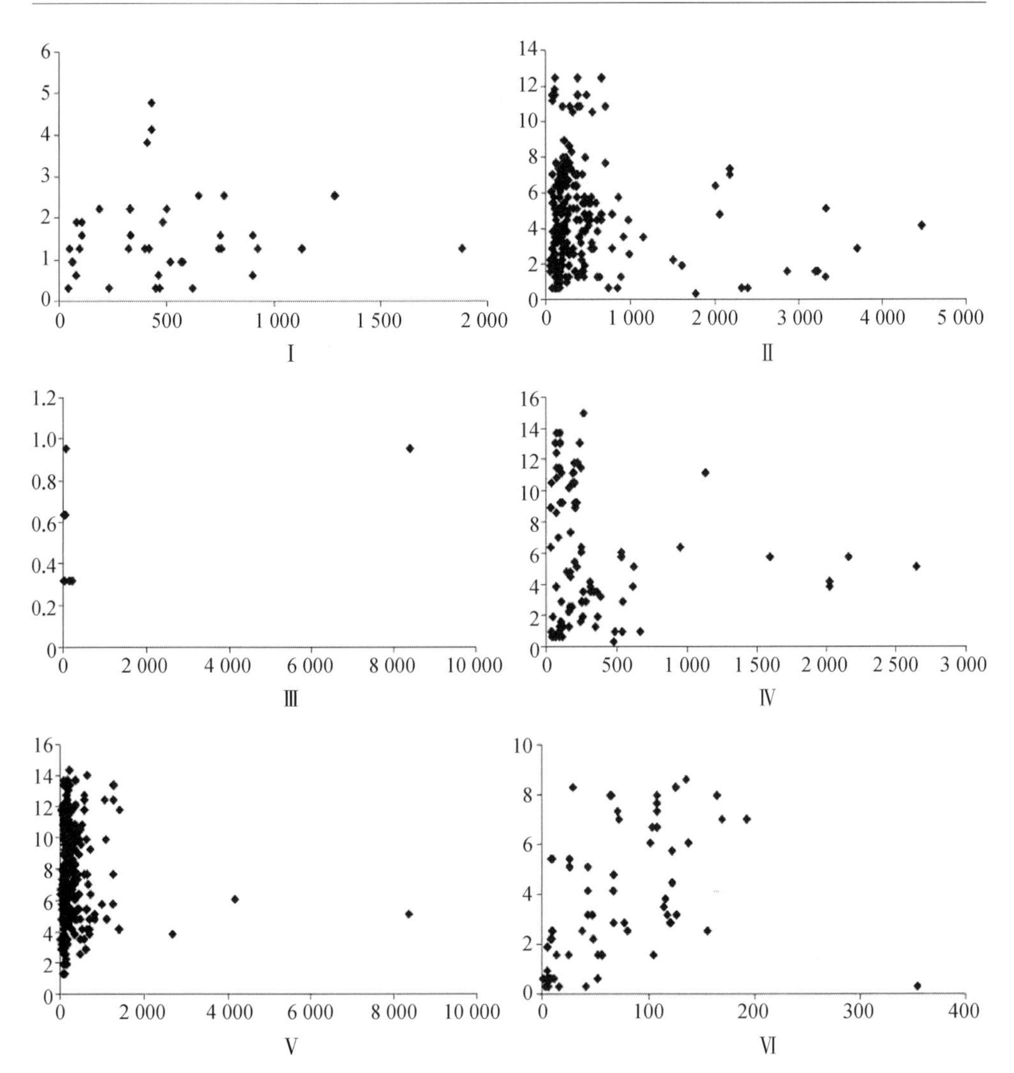

图 3.19　人口密度与滑坡密度之间的关系(横坐标：每平方千米人口数；纵坐标：每 10 平方千米滑坡数)

1 000 人/km² 的地区滑坡发生次数在 8 次以下；区域Ⅲ滑坡的次数最少，人口密度大于 1 000 人/km² 的有一例滑坡事件，该处滑坡发生在新疆地区；区域Ⅴ中，人口密度大于 1 000 人/km² 的滑坡次数少于区域Ⅱ，主要是因为该区域的人口密度分布远少于区域Ⅱ；区域Ⅵ人口密度最为稀少，滑坡分布在人口密度 400 人/km² 以内。

3.4　本 章 小 结

将复杂的滑坡事件以空间数据的形式绘制在地图上是一件具有挑战的工作

(Kirschbaum et al.，2010)。滑坡数据收集及网络数据库的编制，能够使滑坡数据的空间和属性信息相结合，这方面的研究是前人工作的突破。本章得到的重要结论有以下几个方面。

(1) 采用了 Google Maps API 及云数据库(Google Fusion Tables)技术，开发了数据库系统，将中国 60 多年的滑坡记录以网络服务的形式有效地存储并管理起来，满足数据查询、共享、更新、可视化等功能。

(2) 通过上面的数据统计分析，了解到区域Ⅴ-秦巴、西南中山高原地质环境区在滑坡的发生次数、死亡人数以及经济损失中都是最高的，是中国滑坡分布最为严重的地区，主要是由于该区域地质环境复杂、地震活动频繁、降雨充沛、地区欠发达等原因造成的。

(3) 人口密度与滑坡密度关系的分析得出，大部分的滑坡发生在人口密度(单位平方千米的人数)小于 1 000 的地区，这项结果也是滑坡风险性分析的初步，为后面章节的研究提供了客观依据。

第 4 章　RS 技术在滑坡因子识别与提取中的研究

第 3 章重点阐述了滑坡历史数据收集及数据库系统的开发，并在此基础上作了滑坡风险性分析，该研究把滑坡看作某个单点发生的事件，缺少对整个滑坡区域的描述。RS 是通过传感器在远离目标或非接触目标物体条件下探测目标地物，获取其发射、辐射或散射的电磁波等信息，并进行提取、判定、加工处理、分析与应用的一门科学技术（梅安新，2001）。它可以获取地表区域性的信息，通常用来进行斜坡变化分析及影响因子提取的研究。斜坡变化分析主要用来识别滑坡发生的区域、滑坡体以及滑坡形成环境条件等；影响因子提取属于间接滑坡监测，通过遥感获取滑坡产生的内外因子，例如，DEM、降雨等，为后期遥感制图及评估做准备。

4.1　滑坡研究中常用的遥感类型

国内外滑坡研究中常用的遥感类型主要有航空遥感、可见光-近红外光学遥感，较新的技术有合成孔径雷达干涉测量技术（interferometric synthetic aperture radar，InSAR）和激光雷达技术（light detection and ranging，LiDAR）以及用来监测降雨变化的卫星测雨雷达。其中航空像片从 20 世纪 70 年代开始应用于滑坡灾害研究，主要依赖于航片的目视解译和判读，已经形成了较为成熟的技术体系（卓宝熙，2002）。目前，针对航空像片在滑坡的研究多数是基于无人机及配合 LiDAR 数据获取的影像。

1. 无人机航空遥感

无人机（unmanned aerial vehicle，UAV）遥感技术作为近低空遥感手段，具有续航时间长、影像实时传输、高危地区作业、成本低、影像高分辨率、机动灵活等优点，是卫星遥感与传统航空遥感的有力补充，在国外得到了广泛的应用。其利用高分辨率 CCD 相机系统获取航空影像，利用空中和地面操控系统实现了飞机姿态自动校正、影像的自动拍摄和获取，同时实现了飞行轨迹的规划和监控、信息数据的压缩和自动传输、影像预处理等功能（Michael，2000；Herwitz et al.，2004）。

无人机遥感技术的这些优势，使得它能够完成地质灾害监测、应急救援和灾情评估任务，为地质灾害预防与救援方案快速制定提供准确的依据。在中国，无人机灾害应急应用优势首先在“5・12 汶川地震”中得到体现，地震当时伴随风雨交加，导致卫星数据无法获取、大飞机飞行困难、获取不到清晰的灾区影像，灾区成了盲区。采用无人机低空飞行，即时获取了高分辨率数码影像，为无人机地震救灾提供了有力的支持(周洁萍等，2008)；在“玉树地震”中无人机也发挥了关键的作用。无人机在滑坡监测中也起了重要的作用，通过无人机获得的高精度影像可以目视识别滑坡体的位置、量测滑坡变形的具体范围、通过地面控制点及空三解算获取飞行区域的 DEM 等。例如，Niethammer 等(2012)在法国典型滑坡区 Super-Sauze，利用无人机拍摄了整个山体滑坡的高分辨率正射镶嵌影像，并制作了几个地区的 DEM；同时，利用两期的数据量测了 Super-Sauze 滑坡水平位移是在 7～55 m，确定了某些地区的持续变形。

2. 可见光-近红外光学遥感

光学遥感影像主要是指利用可见光和红外波段上只反射地物对太阳辐射的反射，根据地物反射率的差异，通过摄影和扫描方式来成像以获得目标物的信息。主要的遥感卫星影像有 TM、ASTER、SPOT、ALOS、IKONOS、Quick Bird 等。

TM 和 ASTER 属于中等分辨率遥感影像，前者是地学研究中应用最为广泛的卫星影像，通过它可以解译获取研究区 1∶30 万的土地利用类型图，并建立不同土地利用与滑坡之间的关系(Sidle and Ochiai，2006)；此外，还可以通过 TM 影像的热红外波段(第 6 波段)反演地表水分，研究与滑坡之间的关系(Haas，2010)。ASTER 是 Terra 卫星上的一种高级光学传感器，包括了从可见光到热红外波段的 14 个光谱通道，它与 TM 影像不同的是短波红外通道具有 5 个波段具有较高的光学分辨率，同时具有立体像对的获取能力，可以生成 15 m，30 m 分辨率的 DEM 数据，用于滑坡研究(Oh et al.，2012)。

SPOT 和 ALOS 属于高分辨率遥感影像。两种影像的空间分辨率与对应的波段光谱范围大体相同，空间分辨率在 5 m 以下，经常被用在滑坡灾害识别及监测中(李铁锋等，2007；Chigira et al.，2008)。但 SPOT 其昂贵的立体像对在一定程度上影响了其在滑坡灾害方面的应用普及；ALOS 影像的出现，其优异的性价比和合成孔径雷达能力必将逐步取代 SPOT 在滑坡中的应用。

IKONOS 和 Quick Bird 属于极高分辨率遥感影像。IKONOS 卫星是世界上第一颗提供高分辨率影像的商业遥感卫星，它获取的影像全色分辨率为 1 m，多光谱分辨率为 4 m；Quick Bird 是 World View 开始服务前世界上商业卫星中分辨率最高、性能较优的一颗商业卫星，其全色波段 0.61 m，多光谱分辨率为 2.44 m。这两颗卫星的波段和光谱范围设置一致，它们提供的卫星影像具有航片效果，在滑坡研究中主要用于滑坡体识别及滑坡细节提取等应用。

3. InSAR

InSAR技术是国际遥感界研究的一个热点，它利用合成孔径雷达的相位信息提取地表三维信息和高程变化信息的一项技术（李德仁等，2000）。目前，InSAR技术主要用来进行地形制图，除生成大范围高精度的DEM外，在干涉雷达基础上发展起来了雷达差分干涉测量（differential InSAR，DInSAR）技术，能够大范围地获取高精度地形变化数据，在山体滑坡监测方面具有重要的意义（Cascini et al.，2010）。研究表明，InSAR技术在滑坡制图和监测中具有良好的前景和巨大的潜力（Rott and Nagler，2006；廖明生等，2012），但InSAR技术容易受地面植被、湿度和大气条件影响，导致相位失相干或在时间和空间上延迟等。最新发展起来的永久散射体（persistent scatterer，PS）技术和角反射技术的应用可以有效地减少空气及噪声对干涉图的影响。

4. LiDAR技术

LiDAR技术是现代对地观测的最新技术之一，它能够快速、直接地获取地形表面模型，与传统的光学及微波遥感不同，LiDAR能够快速、精确地获取地面点的三维坐标，对地面的探测能力有着强大的优势（刘春等，2010）。

基于航空平台的LiDAR技术包括差分全球定位系统（difference global positioning system，DGPS）、惯性导航系统（inertial navigation system，INS）和激光扫描仪，通过激光发射器发射高重复度脉冲来获取详细的地表信息，可以获取高精度的DEM，方便探测高程微小变化和揭示微地貌特征。机载LiDAR获取的地形数据在水平方向上分辨率为1 m，垂直方向分辨率为0.15 m，因此特别适合用来测量分米到米级的地形变化（Chen et al.，2006）。地面LiDAR包括两类：一类是移动式扫描；另一类是固定式扫描。移动式激光扫描系统基于车载平台，集成了激光扫描仪、CCD相机和GPS接收机，由激光扫描仪和摄影测量获得地面某个序列的三维坐标信息；固定式扫描系统类似于传统测量中的全站仪，它由一个激光扫描仪和一个内置或外置的数码相机，以及软件控制系统组成。二者的不同在于固定式扫描仪采集的不是离散的单点三维坐标，而是一系列的点云数据。地面LiDAR获取的地形数据在分辨率在厘米以内，适合用来测量厘米到毫米的地形变化。相对于其他遥感手段，激光雷达遥感技术的最大优势在于可以快速、直接并精确地探测到真实的地表及地面的高程信息，机载LiDAR侧重区域地形提取，而地面LiDAR侧重单个地形提取。

5. 卫星测雨雷达

卫星观测降雨量及获取降雨的空间分布主要是通过携带主动的测雨雷达和被

动的微波辐射仪两种方法(Arkiin and Ardanuy, 1989)。它可以实现对降雨的大范围连续观测,得到不同时间尺度及空间分辨率的降雨产品(Brown, 2006)。

热带降雨测量计划(tropical rainfall measuring mission, TRMM)卫星雷达降雨数据是其中较为典型的代表。TRMM卫星是在1997年11月27日发射、由美国国家航空航天局(National Aeronautic and Space Administration, NASA)和日本国家空间发展局(National Aeronautic Development Agency, NASAD)共同研制,第一颗专门用于定量测量热带/亚热带地区降雨的气象卫星。它上面共搭载五种科学测量仪器,分别为可见光和红外扫描仪(visible and infrared scanner, VIRS)、TRMM微波图像仪(TRMM microwave imager, TMI)、降雨雷达(precipitation radar, PR)、闪电图像仪(lighting imaging sensor, LIS)以及云和地球辐射能量系统(clouds and the earth's radiant energy system, CERES),其中VIRS、TM1和PR可以用来测量降雨(Kishtawal and Krishnamurti, 2001)。TRMM降雨产品中最为常用且时空分辨率最高的产品是3B42,它是0.25°×0.25°的3 h降雨产品,该产品是由星载雷达PR的测雨资料计算所得。

近些年来,采用卫星测雨雷达获取的降雨产品对滑坡进行研究的工作也在展开,较有代表性的研究有:Hong和Adler(2008)利用全球滑坡历史数据、TRMM 3B42降雨产品及滑坡敏感性分布图,得到了全球降雨滑坡预测方法,预测结果已在NASA官网上实时发布;Liao等(2010)利用TRMM 3B42降雨产品与TRIGRS浅层滑坡模型对北卡罗来纳州梅肯县由于飓风造成的滑坡进行了风险评估;Kirschbaum等(2012)利用TRMM多卫星降雨实时分析数据(TRMM multisatellite precipitation analysis, TMPA)与2007～2010年四年的滑坡历史数据,重点分析了2010年全球降雨与滑坡分布的规律。

以上介绍了针对滑坡监测常用的遥感类型,主要用在滑坡体识别、变化监测及滑坡因子提取等方面。其中,滑坡体识别、变化监测属于遥感直接应用;而滑坡因子提取是为后续滑坡模型构建、制图及评估等方面提供相应的参数。鉴于本书主要的目的,在本章节后面部分着重研究遥感在滑坡因子提取中的应用。

4.2　机载LiDAR及航片在滑坡监测及建筑物适宜性分析

DEM是滑坡研究中重要的内部因子,在DEM中获取的地形坡度、坡向、高程及汇水面积等都与滑坡存在着一定的关系(Zhang et al., 2012)。LiDAR数据在提取DEM时相较于立体像对或InSAR提取DEM来说,速度快且精度高,并能够与高分影像相结合,是其他方法所无法替代的。因此,本书以机载LiDAR并配合航空影像来说明其在滑坡风险分析中的应用。

4.2.1 研究区

研究区位于广东省增城区的西部，纬度23°16′～23°19′N，经度113°28′～113°35′E(图4.1)。增城区位于广州市东部，又称穗东。地处珠江三角洲都市圈内，是广州、东莞、深圳等珠江三角洲城市群和广深经济带的重要节点。北回归线经过增城区北部，属亚热带海洋性季风气候，气候炎热多雨。年均气温为21.6℃，年均最低气温为12.1℃。土壤类型以红壤、砖红壤为主，土壤酸性较强。该区的雨季一般从每年的4月到9月，雨水总量占据全年的83%；地势北高南低，地形复杂多样，北部以低山高丘为主，中部低丘台地广布，南部为开阔平坦的东江三角洲平原(胡敦奇，2005)。由于充沛的降雨、复杂的地形条件、土壤质地疏松，土壤酸化等原因，该区时有滑坡灾害发生(Dou et al.，2009)。

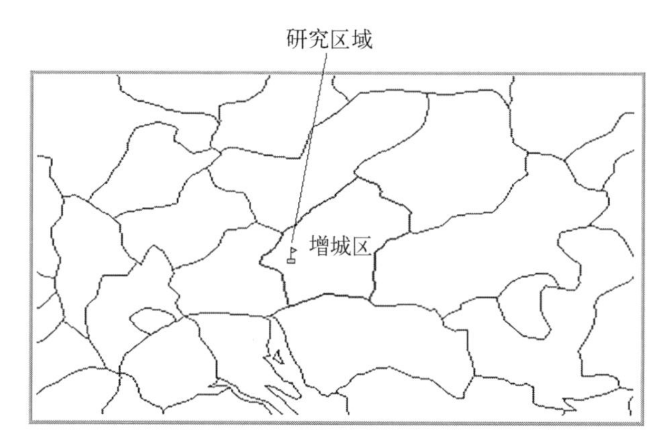

图4.1 研究区(广东省增城区)的地理位置

4.2.2 数据收集及处理

1. 数据收集

数据获取时间为2010年5月25日，主要包括机载LiDAR点云数据与航空影像。飞机飞行高度为800 m，包括5个航带(图4.2)。航带间的点云数据重叠度为40%，点与点的平均间隔为0.1 m，点云共覆盖10 780 m×7 250 m的地面范围。飞机上架有动态GPS接收仪及惯性测量单元(inertial measurement unit，IMU)，地面布设两个GPS基站用于航片空三平差处理。IMU中包括三个角度：横滚角(roll)、俯仰角(pitch)和航向角(yaw)，它们的中误差(RMS)分别为0.05°，0.10°，0.05°。

飞机上搭载数码相机，每5 s拍摄一景影像，共拍摄航空影像223张，影像的航向重叠为57%，旁向重叠为20%。

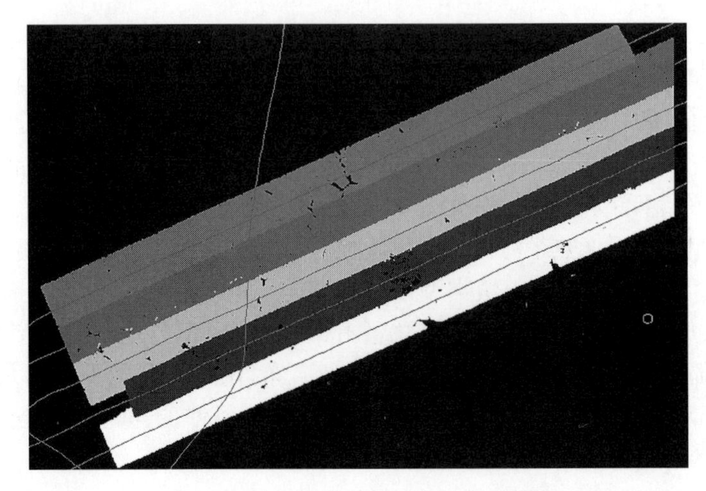

图4.2 按航带排列的研究区点云数据

2. 数据处理

1) LiDAR数据处理

数据格式为LAS格式,是美国摄影测量与遥感(ASPRS)协会下的LiDAR委员会于2003年发布的标准LiDAR数据格式,它是以一系列二进制字节的形式进行存储的,经过改进,目前LAS格式已有4种版本,分别是LAS 1.0,1.1,1.2与2.0(拟定版)。2003年的LAS 1.0版定义了LAS格式的基本框架,即公共文件头区、变长记录区和点集记录三部分。ASPRS于2005年发布了LAS 1.1,随后2008年发布了LAS 1.2格式标准,延续了LAS 1.0的原有框架,并对一些字段的解释和组合进行了一些调整,原先可读写LAS 1.0的系统只需做一些改进就可适用新版本的数据格式(刘春等,2009)。

libLAS是一个能够读写LAS 1.0,1.1以及1.2的C++类库,它由Butler等(2011)开发,可以跨平台进行调用及二次开发,支持C、C++、Python、C#等语言,该类库的下载地址为(http://www.liblas.org/)。本书借助此类库,在VS2008平台上,采用C#语言,对研究区的机载LiDAR进行读写操作,图4.3是通过C#语言开发的LAS数据读写模块,可以保存成CSV、TXT及XYZ格式。

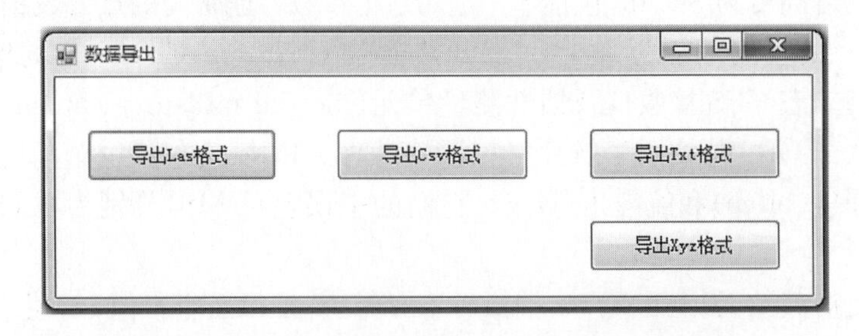

图4.3 基于libLAS库开发的LAS数据格式转换模块

从激光点云数据中提取地面数字高程模型(DEM),需要将其中的地物(植被、建筑物、电力线等)数据脚点去掉,这就是所谓的激光雷达数据的滤波(张小红,2007)。滤波的基本原理是基于邻近激光脚点间的高程突变(局部不连续),一般不是由地形的陡然起伏所造成的,更为可能的是较高点位于某些地物。即使高程突变是由地形变化所引起的,就一个区域来讲,其表现也不会相同。常用的滤波分类算法主要有：TIN滤波、数学形态学滤波、移动窗口滤波、曲面拟合滤波、坡度滤波等,不同的滤波算法适用于不同的地形区域。研究区地形复杂,以山地为主,因此,选择严密的TIN滤波算法。

Axelsson(1999)提出的TIN滤波算法思想(图4.4)：首先对测区进行分块处理,初始点选择地面上一些高程较低的点,然后选取每块中的最低点作为初始地面点并建立不规则三角网模型。若α、β、γ和d都小于设定的阈值,则接受该点为地面点并重新建立三角网。接着判断下一个点,直到所有的点都被分为地面点或非地面点。通过不断地加入满足条件的激光点来扩大地面模型,每加入一个新点都更新不规则三角网,最终得到非常接近地表面的三角网模型。

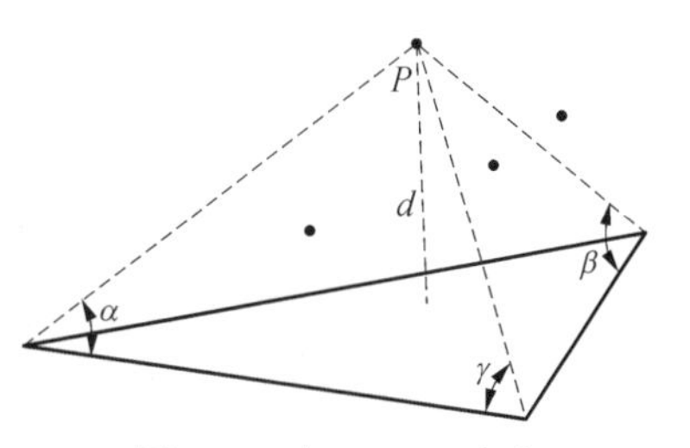

图4.4　点云TIN滤波

经过TIN滤波后,获取地面点的点云数据;然后对点以1 m间隔进行插值,得到研究的DEM(图4.5),DEM的坐标基准为WGS84,通用横轴墨卡托投影,最大高程为283.94 m,最小高程为36.33 m。

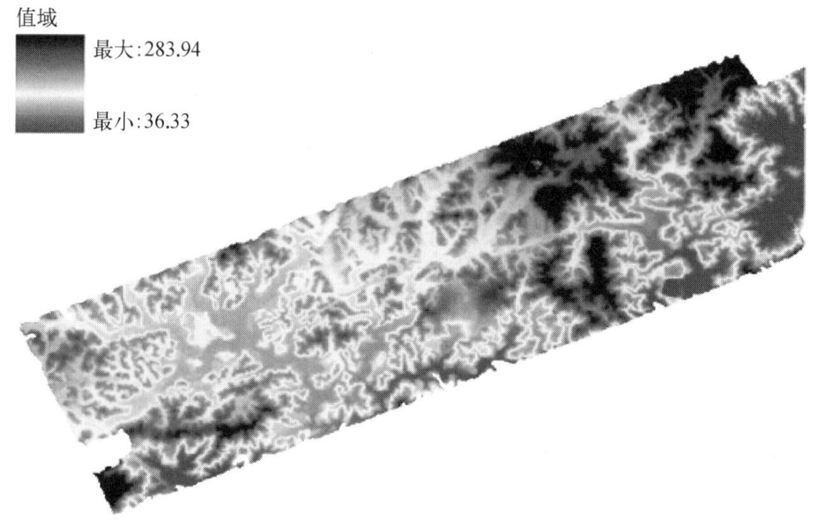

图4.5　由点云数据得到的研究区DEM(后附彩图)

2）航空影像处理

首先，利用飞机的航迹、IMU数据、相机的曝光时间，得到每张航片的6个外方位元素；其次，采用最小二乘法，将航空影像与点云数据进行配准，在每张航空影像上选择三个以上的点作为控制点，与相机检校参数联立，对6个外方位元素进行平差解算，得到精确的航片外方位元素（刘春等，2012），形成正射影像（图4.6）；最后，将每张正射影像的接缝，利用Photoshop进行匀光处理并拼接，得到整个研究区的航空影像图（1∶5 000）（图4.7），坐标基准与点云数据相同。

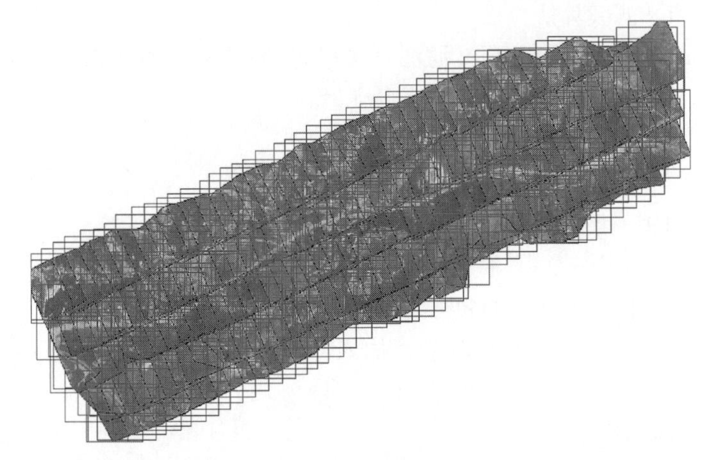

图4.6　正射影像

图4.7　拼接后的研究区航空影像图（后附彩图）

4.2.3　研究区滑坡危险区分析

根据实地调查发现，规划区大量陡坎分布其中，容易造成滑坡，特别是在坡度大于35°且面积大于100 m^2的陡坎区域。根据GIS空间分析原理，在获取到的

DEM中将满足这两个条件的区域提取出来，并以缓冲区100 m的范围加以绘制（图4.8）。图中红色区域发生滑坡的概率最大；研究区中有一条高速公路（航片上提取到的），能够明显地识别出公路部分路段存在潜在的滑坡危害。

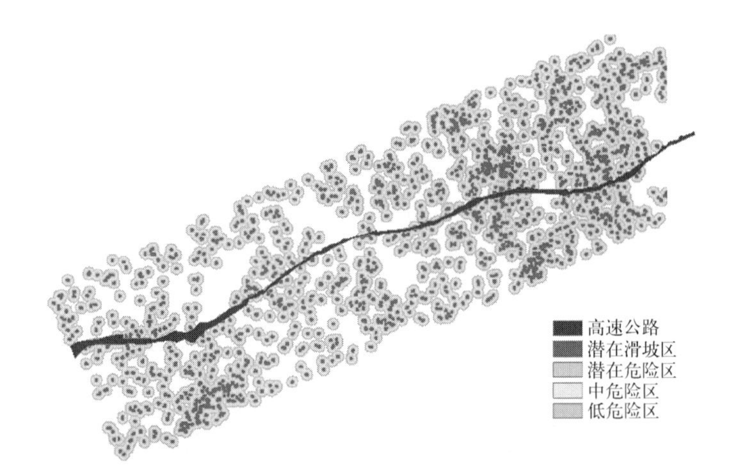

图4.8 研究区潜在滑坡分布（后附彩图）

4.2.4 建筑物适宜性分析

建筑物适宜性需要综合考虑当地排水、朝向、滑坡灾害等方面的因素，结合增城区实地情况，得出建筑综合评判原则如下。

(1) 考虑地面排水问题，要求坡度不小于0.3°，但地形过陡也将出现水土冲刷等因素，以及地形坡度的大小对道路的选线、纵坡的确定及土石方工程量的影响尤为显著。因此一般居住建筑物所处的地形坡度要求在0.3°～10°。

(2) 增城区位于中国南方，争取良好的自然通风是选择建筑物朝向的主要因素之一。根据相关研究最佳建筑物朝向为南、西南向，适宜朝向东、西、东南向，低适宜东北、西北向，不适宜北向。

(3) 增城区常伴有滑坡灾害发生，建筑物要远离4.2.3节得到的滑坡危险区域。

综合上述三条评判原则，利用GIS空间分析中的图层叠加，得出研究区最不适宜建筑物的区域，图4.9黄色部分。

4.2.5 结论

本部分总结了机载LiDAR与航空影像在滑坡监测及评估中的应用，通过DEM及致灾因子的提取，经验模型的归纳以及建筑物适宜性分析，阐述了这两种遥感数据源在滑坡监测中的优势，为后期的研究提供参考。

图4.9 建筑物最不适宜的区域分布(后附彩图)

4.3 卫星降雨数据比较及在滑坡中的应用

本章4.2节以机载LiDAR与航空影像为例,说明了遥感数据收集、获取及在滑坡中的应用,试验用到了滑坡的内部因子:数字高程模型(DEM)。本部分重点介绍通过遥感影像获取的滑坡的外部因子-降雨数据的处理及在滑坡中的主要应用。

4.3.1 卫星降雨产品

降雨量是气象要素中最为重要的因子之一,其时空分布是气象、气候、水文、生态及灾害等学科研究的基础和重要支撑。地面站点观测是降雨量最直接的数据源,能够最准确表示"观测点"上降雨量,但受自然环境和人为因素等影响,地面站点观测无法覆盖到大面积海洋、无人区以及地形相对复杂的区域,从而限制了地面站点观测数据的使用(沈艳等,2013)。与之相比,卫星反演降雨产品具有全天候、全球覆盖以及准确反映降雨时空分布的独特优势,高时空分辨率的卫星定量降雨评估(quantitative precipitation estimates, QPE)产品已成为水文模型的重要输入参数,它们常用于未布设地面雨量站区域的降雨预报及水资源管理等方面的研究(Yong et al., 2012)。较为典型的产品有:TMPA(Hong et al., 2008)、CMORPH(Joyce et al., 2004)以及PERSIANN - CCS(Sorooshian et al., 2000)等。

1. TMPA

TMPA(TRMM multi-satellite precipitation analysis)是TRMM计划中的多

卫星降雨分析产品，前面部分已有所介绍，它目前的产品已经由原来的V6升级到V7版本。三级TMPA产品中具有代表性的产品有3B42RT和3B42，是由NASA下属的Goddard数据中心开发。3B42RT能实时获得，而3B42是用站点雨量资料订正3B42RT产品后得到的，时间具有滞后性。

3B42RT是融合微波和红外反演数据生成的降雨量产品（Huffman et al.，2004），主要算法包括以下3点：① 是借助Goddard廓线算法将微波数据（TMI，SSM/I，AMSR-E）反演成高质量的降雨数据，并利用同步获得降雨直方图进行概率匹配，使反演结果达到最优。在3B42中，降雨直方图由TCI（TRMM combined instrument）确定；而在3B42RT中，因为TCI不能实时获得，所以直方图是由TMI确定的。② 是在每3 h 0.25°网格内，利用高质量降雨量数据对红外亮温数据进行直方图匹配，并将校正系数应用于整幅红外数据。③ 是有效合并①和②生成的降雨量数据。目前的研究中，采用了一种相对简单的方法，即保持微波反演降雨率数据不变，而用订正后的红外降雨数据填补空缺。这种方法可以实现局部结果的最优，然而存在时间序列不均一的问题。3B42利用GPCC（global precipitation climatology center）月平均降雨量分析资料订正卫星反演结果，保证两种资料在月尺度上是相等的。这两种产品的时间间隔为3 h，空间分辨率为0.25°×0.25°，影像覆盖范围为全球50°N～50°S，180°W～180°E。

2. CMORPH

利用卫星资料反演降雨量的一次“革命性”变革就是CMORPH（CPC MORPHing technique）资料，它是由美国环境预测中心（NCEP）下属的气候预测中心（climate prediction center）开发的实时系统。该系统摆脱了单纯利用统计关系推算降雨量的思路，而采用“运动矢量”的方法。首先，计算连续两幅红外云图的空间相关性，以此来确定云的运动“矢量”。其次，进一步采用时间权重的插值方法外推微波反演的降雨量，从而计算出没有微波观测期内的降雨量，最终生成高时空分辨率的降雨数据。CMORPH产品很好地集成了被动微波降雨观测系统的高精度优势和红外卫星的高时空分辨率的特征。CMORPH的最终产品有两种：第一种时间分辨率为30 min，空间分辨率为0.1°×0.1°；第二种时间分辨率为3 h，空间分辨率为0.25°×0.25°，它们的影像覆盖范围相同，为全球60°N～60°S，180°W～180°E。

在进行误差分析之前，生成了多种不同时候分辨率的CMORPH产品。通过累加求平均的方式，将原始时空分辨率的CMORPH产品重采样制作成多种时空分辨率的降雨产品。在时间分辨率上，生成了逐1 h、3 h、6 h、12 h和日的产品；在空间分辨率上，生成了0.1°，0.2°，0.3°，0.4°，0.5°，1°和2°的产品（旷达等，2012）。

3. PERSIANN－CCS

PERSIANN－CCS(precipitation estimation from remotely sensed information using artifical neural networks)是美国亚利桑那州立大学开发的降雨量反演系统，该系统采用人工神经网络(ANN)的分类和近似函数，从红外亮温数据反演得到0.25°网格内的降雨率。系统可以接收不同类型的数据，例如，红外、微波、地面雨量站或是雷达数据，利用系统的自适应性来提取或合并不同类型的数据源，从而自动建立输入数据与降雨率之间的函数关系，利用此关系反演得到全球降雨率。降雨产品的时间分辨率为30 min，空间分辨率为0.25°×0.25°，影像覆盖范围为全球50°N～50°S，180°W～180°E。

系统经过了3次较大的改进，由最初只能接收地球静止红外云图数据，发展到加入了可见光数据，然后又加入了TRMM卫星微波成像仪(TMI)反演得到的2A12瞬时雨量产品。具体的算法是利用长波红外云图(GOES－IR)的亮温数据反演得到降雨场，通过ANN的分类和近似函数构建红外反演降雨量与2A12产品之间的相关关系，进而利用该统计关系得到时间分辨率为30 min的降雨场。PERSIANN－CCS产品质量取决于输入资料的准确性以及分类方案的有效性。另外，输入和输出数据间的统计关系也直接影响反演精度(沈艳等，2010)。

这三种卫星降雨产品是目前精度较高、较为常用的降雨数据。我们以淮河流域王家坝子流域为研究区，用这三种卫星降雨产品的4种数据(3B42RT、3B42、CMORPH、PERSIANN－CCS)与地面点观测到的雨量相比较，来进一步说明卫星降雨产品的质量。

4.3.2 研究区域及地面雨量观测数据

王家坝子流域位于淮河流域的上游，它覆盖的范围为31.48°～33.55°N，113.27°～115.62°E(图4.10中的红色边界)。淮河流域地处中国东部，介于长江和黄河两大流域之间，面积约为2.7×10^5 km^2，西起河南省桐柏山，在江苏省境内三江营注入长江，干流全长约1 000 km。王家坝子流域的海拔从26～971 m，地形西高东低。该区气候属典型半湿润气候，在过去的50年里，全年平均温度为15.3℃，年平均降雨量为888 mm，平均径流量为370 mm(Yang et al.，2009)。与其他的半湿润气候区相比，王家坝子流域的年蒸发量远少于年降雨量；夏季是主要雨季，也是洪水高发的季节，大约有53%的年降雨量产生在6～8月，是研究卫星降雨数据质量较为典型的区域。

图4.10中绿色的圆点表示地面雨量观测站，总共32个，其中16个位于王家坝子流域内，记录了2005～2009年的日降雨量。我们将地面雨量站获取的数据作为标准，来评估上面所述的4种降雨数据。

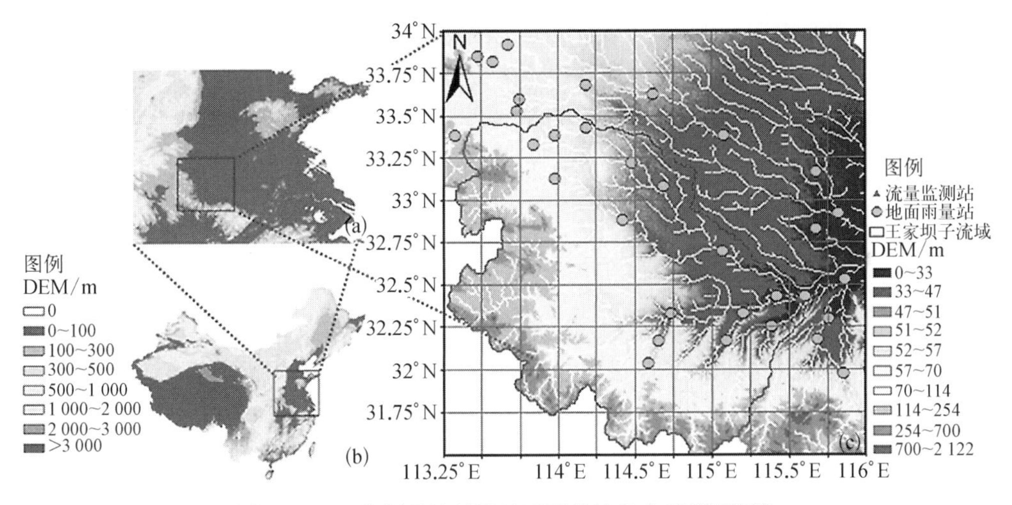

图4.10　王家坝子流域及地面雨量站分布(后附彩图)

4.3.3　数据评估指标

我们采用5种统计指标来衡量4种降雨在研究区的质量，这5种统计指标是：平均偏差(mean bias，MB)、平均绝对误差(mean absolute error，MAE)、相对偏差(relative bias，RB)，相关系数(correlation coefficient，CC)以及均方根误差(root mean square error，RMSE)。每种指数的具体计算公式见表4.1。MB为卫星降雨产品的降雨量与观测站的降雨量之间差值累加的均值；MAE为降雨产品的降雨

表4.1　5种统计指标

统计指标	单　位	公　　　式
MB	mm	$\mathrm{MB}=\dfrac{1}{n}\sum_{i=1}^{n}(S_i-G_i)$
MAE	mm	$\mathrm{MAE}=\dfrac{1}{n}\sum_{i=1}^{n}\lvert S_i-G_i\rvert$
RB	%	$\mathrm{RB}=\dfrac{\sum_{i=1}^{n}(S_i-G_i)}{\sum_{i=1}^{n}G_i}\times 100\%$
CC	—	$\mathrm{CC}=\dfrac{\sum_{i=1}^{n}(G_i-\bar{G})(S_i-\bar{S})}{\sqrt{\sum_{i=1}^{n}(G_i-\bar{G})^2}\cdot\sqrt{\sum_{i=1}^{n}(S_i-\bar{S})^2}}$
RMSE	mm	$\mathrm{RMSE}=\sqrt{\dfrac{1}{n}\sum_{i=1}^{n}(S_i-G_i)^2}$

注：S_i为卫星降雨产品在i时刻的降雨量；G_i为地面观测站在i时刻记录的降雨量

量与观测站的降雨量之间差值绝对值累加的均值；RB 表示卫星降雨产品的降雨量与观测站的降雨量之间累加占观测站总降雨量的百分比；CC 用来度量卫星降雨产品的降雨量与观测站的降雨量的相关程度，1 表示完全正相关，0 表示无关，－1 表示完全负相关；RMSE 用来说明卫星降雨产品的降雨量相较于观测站的降雨量的离散程度。研究中这些指数的计算都是基于影像的像素。

4.3.4　卫星降雨产品比较结果分析

上面介绍的四种降雨产品都是以格网的形式存储数据，研究中我们统一选择 0.25°×0.25°分辨率的四种产品来进行比较；此外，地面观测站是以点的形式来进行存储数据的，我们在研究中将该观测站的值与在卫星降雨产品中对应的格网值进行比较。

我们分析了 2005～2009 年 5 年的日降雨变化情况，将卫星降雨产品与地面观测站的数据进行比较，通过上面介绍的统计指标来进行定量的描述（图 4.11），图 4.11 中横坐标为地面观测站测得的日降雨量，纵坐标为卫星降雨产品获取的日降雨量。从图 4.11 中可知，CMORPH 数据与地面观测站的数据最为接近，它有最高的相关性，CC＝0.69，最低的相对偏差、平均绝对误差及均方根误差，RB＝－0.087 1（代表 CMORPH 得到的降雨量要略少于观测站得到的数据，低估了 8.71％），MAE＝2.21 mm，RMSE＝7.24 mm。PERSIANN－CCS 与地面观测站的数据偏离最远，相关性较小，CC＝0.39，RB＝－0.213 4（代表 CMORPH 得到的降雨量要小于观测站得到的数据，低估了 21.34％），有较高的 RMSE＝9.01 mm，MAE＝3.22 mm。TMPA 的降雨产品 3B42 RT 与 3B42 的降雨量要高于观测站得到的数据，高估了 19.57％与 15.24％，它们与观测站的相关性及平均绝对误差与 CMORPH 数据类似，而 RMSE 要高于 CMORPH 数据，其中 3B42 的数据质量要高于 3B42 RT。

图 4.12 描述了卫星降雨产品与地面观测站的日降雨量偏差关系，其中横坐标为时间，M 代表周一（Monday），S 代表周日（Sunday），05～09 代表年代 2005～2009 年；纵坐标表示卫星降雨产品与地面观测站的日降雨量偏差。能明显地看出，四种降雨产品的偏差随时间变化具有一定的波动性，这跟当时的天气状况、影像的质量、数据推算模型等有关。其中，CMORPH 跟 PERSIANN－CCS 的大部分数据的偏差小于 0，说明其得到的降雨量要小于地面观测站的数据；而 3B42 RT 与 3B42 的大部分数据的偏差大于 0，说明其得到的降雨量要大于地面观测站的数据。PERSIANN－CCS 波动最大，CMORPH 及 3B42 波动最小。

通过上面的分析，CMORPH 数据相对于地面观测站的数据误差最小，其次是 3B42 的数据，误差最大的是 PERSIANN－CCS 数据。CMORPH 数据整体小于地面观测站的数据，3B42 数据整体大于地面观测站的数据。若利用 CMORPH 数据研究降雨滑坡，滑坡评估结果会出现滞后的特点，因此我们在后面的研究中选用

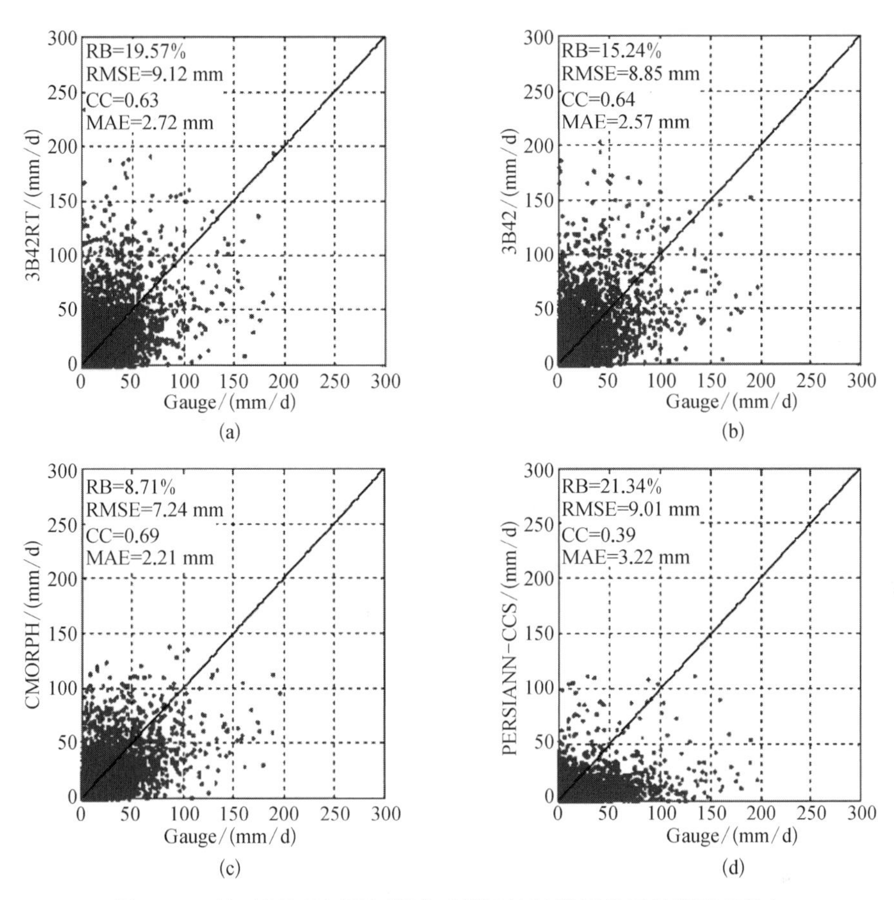

图 4.11　基于 RB、RMSE、CC 与 MAE 统计指标的卫星降雨产品与地面观测站的日降雨量比较

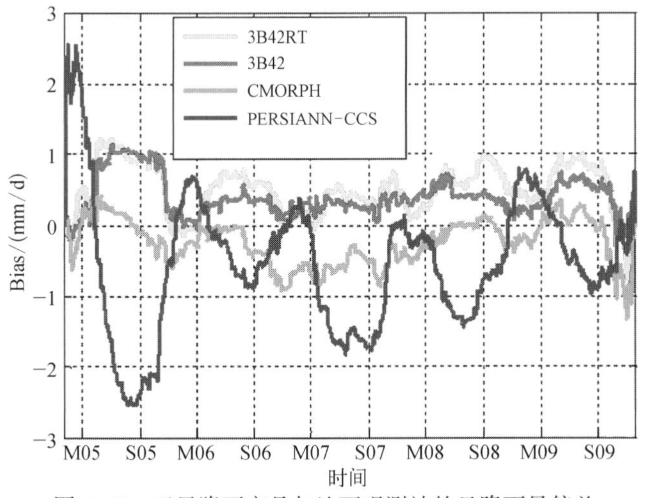

图 4.12　卫星降雨产品与地面观测站的日降雨量偏差

TMPA的3B42的降雨产品作为降雨量的依据。

4.3.5 典型降雨滑坡的主要分布及规律

每年6～9月是中国的雨季，这个时间段通常会发生大型的降雨滑坡。我们统计了2005～2011年7年间发生的60例典型滑坡事件，通过滑坡的发生时间、省份、具体位置、经纬度及死亡失踪人数这五个字段进行描述(表4.2)。

表4.2 2005～2011年雨季(6～9月)期间中国发生的重大滑坡事件

发生时间	省份	具体地点	经纬度	死亡失踪/人
2005.6.23 11时20分	福建	建瓯市七星街205国道	26.903 2°N,118.292 2°E	23
2005.9.1 23时30分	浙江	文成县石垟乡枫龙村	27.850 5°N,119.882 8°E	11
2006.6.18 2时20分	四川	甘孜藏族自治州康定县时济乡时桥头东岸	30.113 6°N,102.188 8°E	11
2006.6.25 2时	湖南	隆回县虎形山瑶族乡青山坳村6组	27.581 0°N,110.745 6°E	27
2006.7.14 23时	四川	凉山彝族自治州盐源县平川镇骡马堡2组	27.681 9°N,101.895 2°E	16
2006.7.14 12时	福建	龙海市程溪镇和山村	24.386 1°N,117.556 2°E	11
2006.7.14 14时	福建	漳浦县中西林场	24.247 1°N,117.579 3°E	10
2006.7.15 0时	湖南	永兴县樟树乡界江村下张家组	26.361 2°N,113.185 2°E	15
2006.8.11 0时	浙江	庆元县荷地镇石磨下村	27.561 8°N,119.320 3°E	20
2006.8.11 2时	浙江	庆元县荷地镇坪头村	27.543 1°N,119.306 4°E	15
2007.7.19 23时	云南	腾冲县猴桥镇苏家河口电站施工工地	25.319 9°N,98.284 5°E	29
2007.8.10 20时	四川	雅安市石棉县草科藏族乡田湾河大发水电站	29.453 1°N,102.114 3°E	12
2008.6.13 10时20分	山西	吕梁市离石区西属巴街道办上安村久兴砖厂	37.582 4°N,111.138 4°E	19
2008.8.9 10时	云南	文山壮族苗族自治州马关县都龙花石头矿区	22.903 2°N,104.513 4°E	11
2008.9.24 12时	四川	绵阳市北川县曲山镇任家坪村9社西山	31.815 5°N,104.442 4°E	17
2009.6.8 1时	贵州	黎平县九潮镇民罗村	26.082 0°N,108.760 1°E	—
2009.6.10 12时	贵州	黎平县洪州镇三团村	26.114 8°N,109.383 0°E	—
2009.6.20 5时	贵州	桐梓县高桥镇火石村正口贵组	28.073 7°N,106.647 8°E	—
2009.7.3 8时	广西	融安县长安镇河勒村至木樟村一带河岸	25.259 8°N,109.403 3°E	—
2009.7.12 10时	四川	宣汉县樊哙镇大风滩古凤村3社	31.628 9°N,108.251 0°E	—
2009.7.17 17时	甘肃	陇南市文县石鸡坝乡新关	33.033 1°N,104.463 8°E	—
2009.7.17 1时50分	四川	小金县汗牛乡足木树热希沟	30.800 7°N,102.230 9°E	5
2009.7.20 3时	云南	凤庆县小湾镇正义村荒田小组	24.709 2°N,100.021 9°E	14

续 表

发生时间	省份	具体地点	经纬度	死亡失踪/人
2009.7.23 2时50分	四川	甘孜藏族自治州康定县舍联乡响水沟	30.170 2°N,102.188 7°E	54
2009.7.25 4时	湖南	怀化市洪江区铁溪精管所	27.088 7°N,109.979 2°E	2
2009.7.25 8时	湖南	怀化市洪江区河滨路南岳山1号	27.109 3°N,110.011 7°E	2
2009.7.25 8时	湖南	怀化市洪江区桂花园乡桂花园村吊脚楼组	27.104 1°N,110.023 2°E	2
2009.7.25 9时	湖南	怀化市洪江区桂花园乡洪高村田段组	27.074 6°N,110.000 4°E	4
2009.8.6 23时	四川	雅安市汉源县顺河乡境内猴子岩	29.284 3°N,102.827 9°E	31
2009.8.9 17时	江西	铅山县篁碧畲族乡	27.895 8°N,117.646 1°E	—
2009.8.13 23时30	浙江	临安市清凉峰镇林竹村	30.109 1°N,118.877 2°E	11
2009.8.15 9时15分	浙江	嵊州市三界镇姚岙村	29.717 3°N,120.838 4°E	—
2009.8.15 10时	四川	甘孜藏族自治州泸定县烹坝乡牦牛沟	30.022 4°N,102.180 4°E	—
2009.8.16 12时	浙江	衢州市柯城区七里乡均良村前坞坑	29.122 1°N,118.752 9°E	—
2009.8.16 20时	西藏	尼木县卡如乡卡如村卓别组	29.351 0°N,90.098 7°E	—
2009.8.17 5时	四川	攀枝花市盐边县温泉乡	27.000 7°N,101.271 0°E	—
2009.9.12 1时	四川	甘孜藏族自治州泸定县得妥乡发旺村龙达沟	29.502 5°N,102.226 4°E	3
2009.9.14 5时50分	甘肃	康县店子乡吴家山村小沟社	33.208 5°N,105.563 3°E	—
2010.6.2 6时	广西	玉林市容县六王镇陈村	22.841 6°N,110.788 4°E	12
2010.6.14 23时30分	四川	康定县捧塔乡双基沟	30.428 2°N,102.293 1°E	23
2010.6.14 12时	福建	南平市延平区县道延塔线11千米处	26.506 2°N,118.126 9°E	24
2010.6.28 2时30分	贵州	安顺市关岭布依族苗族自治县岗乌镇大寨村	25.973 2°N,105.405 8°E	99
2010.7.18 22时	陕西	安康市岚皋县四季乡木竹村	32.205 1°N,108.889 2°E	20
2010.7.18 22时	陕西	安康市汉滨区大竹园镇七堰村	32.562 7°N,108.730 7°E	29
2010.7.20 5时	四川	凉山州冕宁县棉沙湾乡许家坪村2组	28.209 5°N,101.852 2°E	13
2010.7.24 2时	陕西	山阳县高坝镇桥耳沟村5组	33.494 2°N,110.107 3°E	24
2010.7.24 1时40分	甘肃	华亭县东华镇前岭社区殿沟村民小组	35.368 4°N,106.561 3°E	13
2010.7.26 0时30分	云南	怒江傈僳族自治州贡山独龙族怒族自治县普拉底乡咪各村米谷电站	27.601 2°N,98.778 3°E	11
2010.7.27 5时	四川	雅安市汉源县万工乡双合村1组	29.323 2°N,102.735 4°E	20
2010.7.29 2时30分	甘肃	肃南县祁丰乡关山村观山脑	38.810 2°N,99.892 4°E	10
2010.8.8 2时	甘肃	甘肃舟曲县	33.779 4°N,104.362 3°E	1 765
2010.8.13 3时	甘肃	绵竹市清平乡盐井村6组文家沟	31.563 3°N,104.121 0°E	12
2010.8.18 1时	云南	贡山独龙族怒族自治县普拉底乡东月谷村东月谷河	27.580 7°N,98.823 6°E	92

续 表

发生时间	省份	具体地点	经纬度	死亡失踪/人
2010.9.1 22时20分	云南	保山市隆阳区瓦马乡河东村大石房小组	25.593 8°N,99.007 3°E	48
2010.9.21 2时	广东	高州市、信宜市交界地区	22.200 7°N,111.329 8°E	33
2011.7.2 1时	云南	迪庆藏族自治州香格里拉县金江镇兴隆村兴隆河	27.202 0°N,99.790 5°E	—
2011.7.3 0时10分	四川	阿坝藏族羌族自治州茂县南新镇绵簇村	31.585 2°N,103.741 7°E	8
2011.7.5 14时	陕西	汉中市略阳县柳树坝	33.520 1°N,106.170 5°E	18
2011.9.17 14时10分	陕西	西安市灞桥区席王街办石家道村白鹿塬北坡	34.216 2°N,109.089 3°E	32
2011.9.18 20时	河南	三门峡西陇海线观音堂至庙沟下	34.714 2°N,111.458 7°E	—

通常情况下,区域内会产生多起降雨滑坡,表中的经纬度只是表示产生滑坡的某个地区的地理位置。从表4.2中可以看出,大部分滑坡都发生在中国的南部地区,2009年与2010年纪录的滑坡事件最多,2009年集中发生在7～8月,2010年集中发生在7月。

我们选择这7个时间段的3小时0.25°×0.25°分辨率的3B42降雨产品进行分析,图4.13描述了大型滑坡事件在这7个时段6～9月降雨量上的分布情况,由于3B42产品只覆盖了50°N～50°S区域的降雨数据,中国的东北北部地区缺少数据(该部分地区无降雨滑坡历时记录,不影响最终的分析结果)。蓝色区域代表降雨量最多,红色区域代表降雨量最少。在这7个时间段中,降雨量最多的地区集中在中国的中南部、东南沿海及台湾地区,滑坡主要集中分布在降雨量较多的地区。2005年的两次大型滑坡发生在东南部;2006年的大型滑坡分布在东南部以及第一阶梯与第二阶梯之间的四川地区;2007年发生在西南部的云南、四川地区;2008年

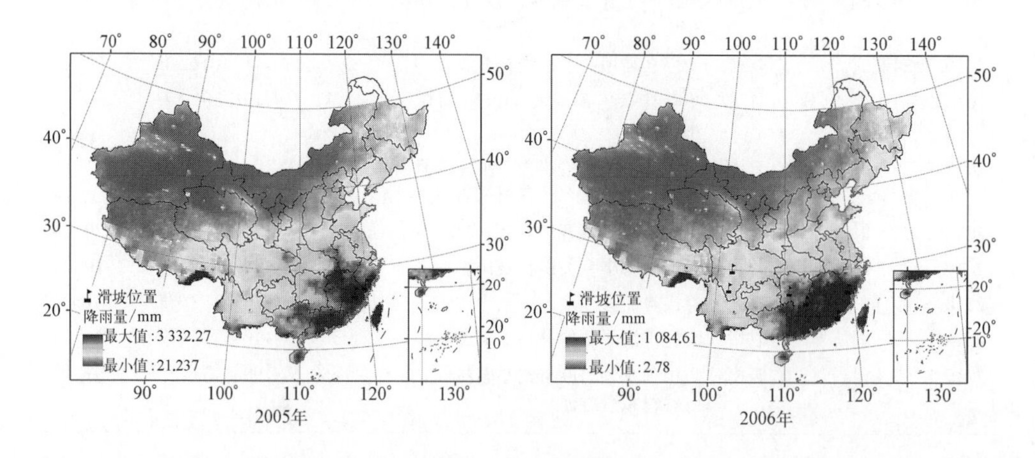

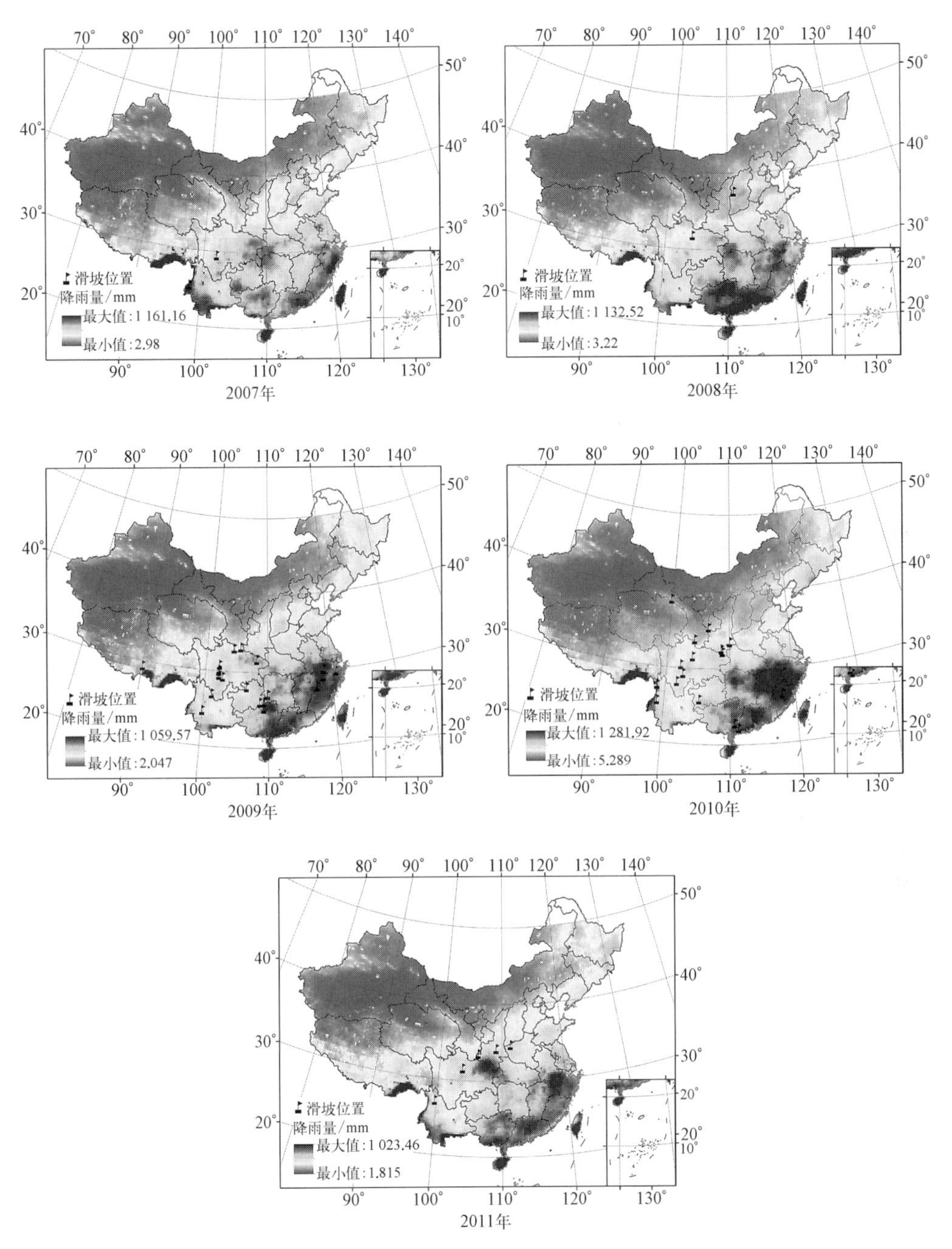

图4.13 中国2005～2011年6～9月的降雨量(来自3B42数据)及典型滑坡分布的位置示意图(后附彩图)

发生在“汶川地震”带处、云南及山西地区；2009年集中分布在秦巴、西南中山高原环境地质区周围以及东南沿海地区；2010年还是集中在秦巴、西南中山高原地质环境区周围以及甘肃、云南等地；2011年主要集中在秦巴、西南中山高原地质环境区与黄土高原、山西山地地质环境区。

大部分降雨滑坡集中分布在秦巴、西南中山高原地质环境区(Ⅴ)中降雨量较多的地区，且分布较为紧密，具有区域性分布的特点；中国的东南沿海，中西部地区由于受区域强降雨的影响也会产生降雨滑坡；此外，部分降雨滑坡分布在月降雨量较小的区域，主要是由于短时强降雨所造成。

强降雨控制滑坡发育，集中表现在改变边坡土体的静水压力、动水压力与浮托力的作用(崔云等，2011)，这类滑坡预测预报的关键就是确定降雨临界值，国内外已有很多学者做过相关的研究，其中，通过实测数据统计，绘制引起滑坡的平均降雨强度和降雨历时关系曲线(intensity-duration curve，$I-D$曲线)是最常用的降雨临界值确定方法。可用式(4.1)表示：

$$I = c + \alpha \times D^{\beta} \tag{4.1}$$

式中，I为诱发滑坡事件的平均降雨强度(mm/h)；D为诱发滑坡事件的降雨历时(h)；α,β为统计参数；$c \geqslant 0$。

该处所讨论的$I-D$曲线是通过3B42获取的降雨产品中，将平均降雨强度作为纵坐标(mm/h)，发生滑坡时所经过的降雨历时为横坐标(h)，统计了表4.2列举的60个滑坡事件。图4.14中圆圈代表60个滑坡事件，其对应的坐标表示发生滑坡时，平均的降雨强度与降雨历时。平均降雨强度小于25 mm/h，降雨历时在3～45 h。

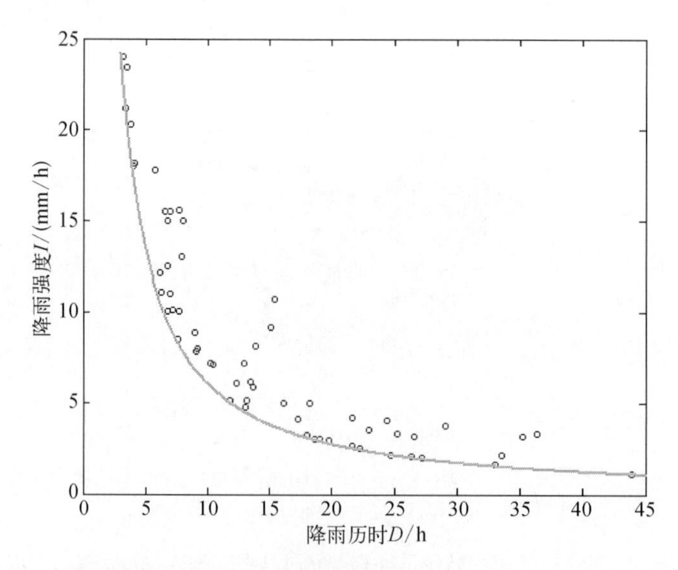

图4.14　滑坡事件中平均降雨强度与降雨历时($I-D$)之间的关系

从散点图中能够看出，滑坡的平均降雨强度与降雨历时呈反比关系，图中曲线为散点的下限，通过指数曲线拟合，得到了曲线 $I-D$ 的函数关系式：

$$I = 85.72 \times D^{-1.15}, \quad 3 < D < 45 \tag{4.2}$$

因此，可以通过这个经验公式得出以下结论：

当 $I \geqslant 85.72 \times D^{-1.15}(3 < D < 45)$ 时，该地区将会产生滑坡事件；当 $I < 85.72 \times D^{-1.15}(3 < D < 45)$ 时，该地区产生滑坡的可能性较小。

针对滑坡事件中，降雨强度-历时关系阈值在世界各地降雨预报中使用的频率最高，表 4.3 中列举了世界不同国家地区诱发滑坡事件的降雨强度与降雨历时的统计关系。

表 4.3　世界不同国家地区诱发滑坡事件的降雨强度与降雨历时(*I*-*D*)之间的关系

适用国家和地区	公式	取值条件
世界范围(Caine，1980)	$I=14.82\times D^{-0.39}$	$0.167<D<500$
世界范围(Guzzti et al.，2007)	$I=2.20\times D^{-0.44}$	$0.1<D<1\,000$
世界范围(Hong and Adler，2008)	$I=12.45\times D^{-0.42}$	$0.1<D<500$
中国台湾(Chien et al.，2005)	$I=115.47\times D^{-0.80}$	$1<D<400$
波多黎各(Larsen and Simon，1993)	$I=91.46\times D^{-0.82}$	$2<D<312$
牙买加(Miller et al.，2009)	$I=53.53\times D^{-0.60}$	$1<D<120$
美国华盛顿州西雅图地区(Baum et al.，2005)	$I=82.73\times D^{-1.13}$	$20<D<55$
日本四国岛(Hong et al.，2005)	$I=1.35+55\times D^{-1}$	$24<D<300$
中国浙江宁海县(麻土华等，2011)	$I=26.59\times D^{-0.55}$	$1<D<48$

相同统计关系的降雨阈值在不同国家和地区相差很大，这与当地气象条件、水文地质环境、地貌因素、人类活动等外部因素有关。再者由于数据精度和具体地区观测设备等基础设备的差异，导致一些参数的精度和表达式的区别。适用于世界范围的滑坡降雨强度是学者选取世界上不同具有代表性的独立地区降雨诱发滑坡事件进行统计分析得出，是一个概括性的总结；适用于地区范围的降雨阈值一般选取具有相同气候水文地质条件地区的降雨滑坡数据进行统计得出，适用于特定的区域；而适用于当地范围的降雨阈值，一般选取范围较小的一个或几个降雨滑坡资料进行统计得出，适用范围小但预报精度高。

我们选取 D 的范围在 3～45 h(本书 D 的取值范围)，将台湾省、浙江宁海县与本书得到的 $I-D$ 关系进行比较(图 4.15)。台湾省及浙江宁海县属于地区降雨强度与降雨历时之间的关系，在相同历时的情况下降雨强度普遍要高于本书得到的结果；而浙江宁海县在降雨历时 7 小时前，降雨强度要小于本书得到结果，这主要是因为本书统计数据大部分以强降雨造成的滑坡为主，因此随着降雨历时的变化，降雨强度变化较大，此外也跟选择的 3B42 数据略高于实际的降雨强度有关。

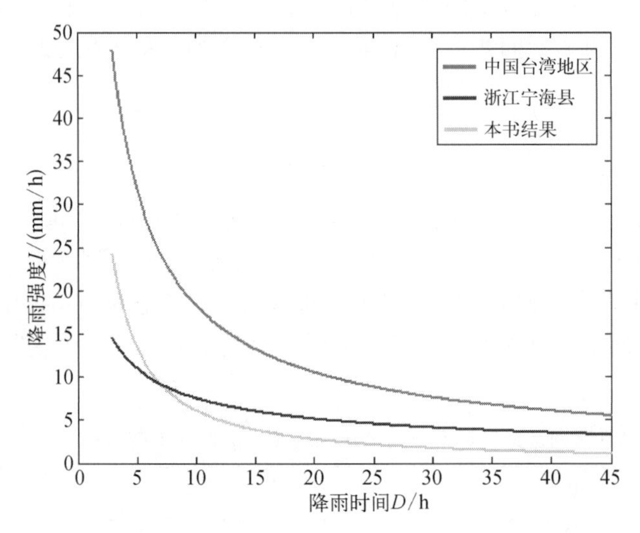

图4.15　台湾省、浙江宁海县的 $I-D$ 关系与本书得到的结果比较

4.4　本章小结

本章阐述了RS在滑坡监测中的应用，首先综述了滑坡研究中常用的遥感类型：无人机航空遥感、可见光-近红外光学遥感、InSAR、LiDAR以及卫星测雨雷达，分析了它们在滑坡研究中的主要用途及前人的工作。其中，滑坡监测中包括滑坡体识别、变化监测的遥感直接应用；还包括滑坡因子提取的遥感间接应用。鉴于本书主要的目的，在本章节中着重研究RS在滑坡因子中的提取。

滑坡因子提取包括滑坡内部因子DEM提取与滑坡外部因子降雨提取。本章通过两个实验重点介绍这两个因子的提取以及其在滑坡风险分析中的应用。

实验1是讲滑坡内部因子DEM提取的，以LiDAR及航空影像处理入手，以广州市增城区为例，将处理得到的DEM与空三解算得到的正射影像结合，分析了实验区滑坡的风险性，并进行了居住区建筑物的适宜性分析。

实验2是讲滑坡外部因子降雨提取的，以淮河流域王家坝子流域为研究区，将常用的几种卫星降雨产品（PERSIANN-CCS、CMORPH、3B42RT、3B42）与地面观测站获取的降雨量进行了比较，得出CMORPH与3B42的数据要好于PERSIANN-CCS与3B42 RT的数据。CMORPH数据略低于实际值，3B42略高于实际值。考虑CMORPH数据用于滑坡监测会出现滞后的原因，后面的应用选择3B42降雨产品。

实验3是3B42数据在中国典型降雨滑坡中的应用。通过分析2005～2011年7年间典型滑坡的分布、平均降雨强度及降雨历时，得出了中国降雨滑坡的分布规律以及降雨强度与降雨历时之间的关系，为后面章节的分析奠定了基础。

第二篇　降雨滑坡风险性评估研究

第 5 章　中国尺度降雨滑坡风险分析

第 4 章中重点介绍了滑坡因子的提取，包括了 DEM 及降雨提取，滑坡分析中只是针对滑坡历史记录分布的地区来进行的单点分析，未能推及滑坡的区域性分析，更没有完成滑坡风险性制图的工作；此外，降雨作为滑坡发生的外部因子，滑坡的发生主要受区域内的地形地貌、地质构造等本底因子的影响，所以在考虑滑坡的降雨临界值时务必要基于滑坡的敏感性分析。因此，本章中结合上面几个章节的研究：滑坡区划、滑坡历史记录收集、降雨滑坡的分布规律等，重点研究中国滑坡敏感性制图及降雨滑坡风险分析。

5.1　中国滑坡敏感性制图及分析

5.1.1　滑坡敏感性

滑坡敏感性是指一个地区已有或者可能发生的滑坡的类型、体积(或者面积)及空间分布的定量或定性评价。滑坡的敏感性分析包括两个内容：一是与滑坡敏感性相关的各种内在的影响因素的分析，如地质、坡度、坡向特征、海拔、土壤特性、植被覆盖等因素；二是这些因素及其组合使滑坡出现的概率分析。滑坡研究区域的滑坡敏感性分析是根据该区域滑坡的历史资料，利用航空遥感技术或 GPS 开展地面调查，进行滑坡识别、空间分布定位，分析滑坡生成条件、类型特征和活动史，并给出滑坡的详细几何描述。滑坡敏感性评价针对滑坡的内部因子，不包括任何含义的滑坡发生时间上的预测，这是滑坡评价的重要特征(张军等，2010)。

滑坡敏感性分析的方法总体上分为定性、定量的方法。

(1) 定性的方法主要根据主观经验对滑坡的变形失稳的敏感性进行定性描述。定性方法主要是通过研究人员对所研究问题的经验判断。其判断所需的数据主要来自现场勘查，或者进行航空影像的判读结果，因此这种方法又可以称为专家评估法。

(2) 定量的方法则是对滑坡发生失稳的敏感性进行数学或数值算法上的估计。定量的方法根据应用的工具不同又可以分为统计分析模型、确定性模型、概率模型等，这些方法也各有自己的优势和不足。统计分析模型是通过对各种基本图件与滑坡分布的统计分析，进行滑坡的敏感性评价；确定性模型是建立在滑坡失稳的物理机制基础上，一般采用静力模型如无限斜坡模型，考虑沿敏感滑动面的局部极限平衡条件;概率模型是用破坏的概率来表示,破坏的概率由稳定性系数决定,而稳定性系数是确定性模型中各种关键性参数决定的,除这些参数的估计具有不确定性外,同时还与研究方法的不确定性有关,这些不确定性导致了概率方法的产生。

后两类模型是基于斜坡体的机理知识的,适用于区域或单体的滑坡敏感性分析;统计分析模型属于经验性模型,适用于大范围或国家尺度的滑坡敏感性分析,本章重点研究中国滑坡敏感性,因此选择统计分析模型。

5.1.2 统计分析模型

利用统计分析模型的关键是得到滑坡内部各因子的相互关系,就是求取各因子的权重,用于图层叠加及敏感图的生成。前人的研究中主要用到的统计分析模型有:逻辑回归模型(logistic regression, LR)、概率分布模型(probabilisitic distribution, PD)、层次分析模型(analytical hierarchy process, AHP)、模糊逻辑模型(fuzzy logic, FL)等,但这些模型在滑坡复杂因子识别、非线性问题及尺度转换等方面存在一些劣势(Wang et al., 2012)。

人工神经网络模型(artificial neural network, ANN)可以用来分析不同尺度下的复杂及不连贯的数据,能够较好地处理其他方法难以解决的不确定性或非线性的问题,常用来与GIS结合开展滑坡敏感性制图(Chauhan et al., 2010)。ANN是一种黑箱分析模型,通过对输入样本的训练和学习输出合理的学习结果,它由输入层、隐层(一到两层)和输出层组成,这些层互相联系,在学习过程中,通过不断调整神经元的连接权重,达到合理的输出结果。目前,ANN已有近40种网络模型,其中有BP神经网络、感知器、自组织映射、Hopfield网络、玻尔兹曼机、适应谐振理论等。

BP(back propagation)神经网络是1986年由Rumelhart和McCelland为首的科学家小组提出,是一种按误差逆传播算法训练的多层前馈网络,是目前应用最广泛的神经网络模型之一。它的基本思想是学习过程由信号的正向传播与误差的反响传播两个过程组成。正向传播时,输入样本从输入层传入,经各隐层逐层处理后,传向输出层。若输出层的实际输出与期望的输出不符,则转入误差的反向传播阶段。误差反传是将输出误差以某种形式通过隐层向输入层逐层反传,并将误差分摊给各层的所有单元,从而获得各层单元的误差信号,此误差信号即作为修正各单元权值的依据。这种信号正向传播与误差反向传播的各层权值调整过程,是周而复始地进行的。权值不断调整的过程,也就是网络的学习训练过程。此过程一直进行到网络输出的误差减少到可接受的程度,或进行到预先设定的学习次数为止。滑坡敏感性制图中,重要的找到各内部影响因子的权重,在选择合适样本的情况下,通过BP神经网络可以获得具有一定精度的各因子权重值。

BP神经网络中单隐层网络的应用最为普遍,一般习惯将单隐层感知器称为三层感知器，所谓三层包括了输入层、隐层和输出层。假设输入层包括 m 个因子，输出层有 k 个因子，用有一定阈值特性、连续、可微的 Sigmoid 函数作为神经元的激发函数。对于输出层和隐含层的神经元，其输出神经元可表示为

$$O_j = f(\sum_{i=1} w_{ij} x_i - \theta_j) \tag{5.1}$$

式中，O_j 为节点的输出值，w_{ij} 是输入节点（神经元）和输出节点间的连接权重，x_i 是输入矢量；θ_j 是输出节点的阈值，$f(x)$ 是激发函数。

Sigmoid 函数 $f(x)$ 定义为

$$f(x) = \frac{1}{1+\mathrm{e}^{-x}}, \quad x \in [-\infty, +\infty] \tag{5.2}$$

给定一个模式样本集 $X=\{X_1, X_2, \cdots, X_n\}$，其中 n 是样本数，X 中的样本 X_l 是一个 m 维特征向量；$T=\{T_1, T_2, \cdots, T_n\}$ 是 X 的期望输出，T 样本中的 T_l 是一个 k 维类向量。

BP 神经网络的具体训练过程如下。

(1) 构造网络。这是样本训练和分类的基础，包括确定输入层节点数、中间层节点数、输出层节点数。

(2) 初始化网络。各权重和阈值的初始化，$w_{ij}(0)$，$\theta_i(0)$ 构建网络。

(3) 提供训练样本。输入矢量 X_n，$n=1, 2, \cdots, N$，期望输出 T_n，$n=1, 2, \cdots, N$，然后对输入样本进行下面(4)～(7)的迭代运算。

(4) 据式(5.11)、式(5.2)计算输入样本对应的输出结果。

(5) 计算训练误差。

输出层：

$$\delta_{nj} = (T_{nj} - o_{nj}) \cdot o_{nj} \cdot (1 - o_{nj}) \tag{5.3}$$

输入层：

$$\delta_{nj} = o_{nj} \cdot (1 - o_{nj}) \cdot \sum_m \delta_{nm} w_{mj} \tag{5.4}$$

(6) 根据下列公式修正权值和阈值。

$$w_{ji}(t+1) = w_{ji}(t) + \eta \delta_j o_{ni} + \alpha[w_{ji}(t) - w_{ji}(t-1)] \tag{5.5}$$

$$\theta_j(t+1) = \theta_j(t) + \eta \delta_j + \alpha[\theta_j(t) - \theta_j(t-1)] \tag{5.6}$$

式中，η 是按梯度搜索的步长；α 是一个常数，它决定过去权重的变化对目前权重变化的影响程度。

(7) 当样本 n 经历 1～N 后，判断误差是否满足精度要求，满足则结束，否则继续

迭代。用个体误差和总体误差两个参数来决定是否继续迭代，当所有样本的个体误差均小于给定值，或当总体误差小于给定值时，迭代结束。误差函数表达如下：

个体误差：

$$e_i = \sum_j \mid T_i - y_i \mid \tag{5.7}$$

总体误差：

$$e_i = \frac{1}{2N}\sum_{i=1}^{N} e_i^2 \tag{5.8}$$

式中，N 为样本总数；i 是样本序列号，$i=1, 2, \cdots, N$；$j(1\leqslant j\leqslant k)$为输出层神经元节点；$T_i$为样本的期望输出；$y_i$是样本的实际输出。

我们在进行滑坡敏感性分析中，将BP神经网络作为统计分析模型，用来进行滑坡敏感性制图。其中，输入层为滑坡内部因子，输出层为滑坡敏感值，神经网络最终求算的是滑坡内部因子的权重值。

5.1.3 滑坡内部因子辨识

要获得一个实际过程中能实时使用的神经网络模型，除要构造一个学习速度快、适应性强的神经网络和算法外，还必须正确选择神经网络训练的样本集，即导师知识信息。滑坡地质灾害的稳定性影响因素，特别是选取相应合适的描述参数作为训练样本集。对滑坡体产生滑坡的敏感性具有决定作用的因素，包括岩性、坡度、坡向、高度、斜坡类型、土壤性质、植被覆盖度、水系、断裂带等(Sidle and Ochiai, 2006)。下面对这些主要因子分别进行讨论。

1. *岩性*

滑坡与地质因素中的岩性(Lithology, Lith)密切相关，岩性的结构主要从三个方面孕育滑坡：① 软化的岩层表面容易产生滑坡；② 岩层入渗程度造成压力水头的变化影响滑坡的产生；③ 易产生风化、水蚀的岩层容易产生滑坡。据中国数字科技馆(China Digital Science and Technology Museum, CDSTM)的资料显示，中国易发生滑坡的主要岩性有：侏罗纪沉积岩(Jurassic, J)、白垩纪泥岩(Cretaceous Mudstone, M)、页岩(Shale, S)、泥质砂岩(Argillaceous Sandstone, A)、粉砂岩(Siltstone, Si)、煤岩层(Coal Beds, Co)、砂质板岩(Sandy Slate, Sa)、千枚岩(Phyllite, P)。

将中国1∶400万的中国地质图(来自国家基础地理信息中心)按照列举的岩性进行再分类，得到图5.1，图中Other为其他岩性。这8种易发生滑坡的岩性中，泥质砂岩及粉砂岩占据的比重最多，大多数分布在中国的西南部地区。

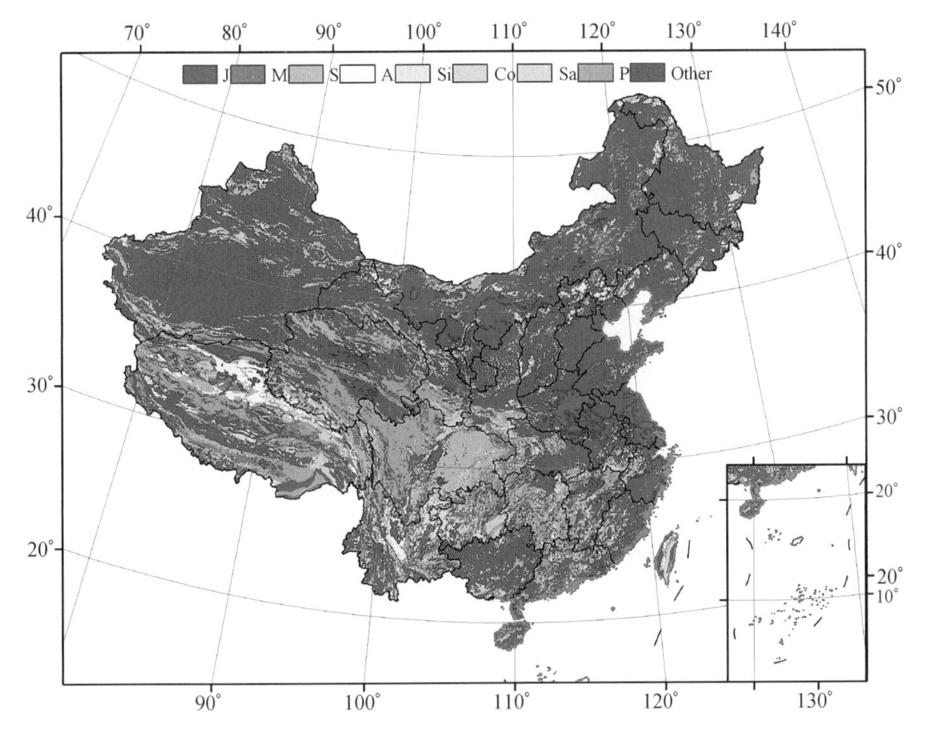

图5.1　中国易产生滑坡的主要岩性分布示意图(后附彩图)

2. 凹凸性

滑坡的产生与坡体的凹凸性(Convexity, Con)有关,凹凸度越大,坡体受重力的作用越大,就越容易产生滑坡。因此,坡体表面的形状也是影响坡体稳定的重要因素之一。本书将中国1∶400万的地貌图(来自国家基础地理信息中心)分为三类:凹面(Concave)、平面(Flat)以及凸面(Protrude),如图5.2所示。其中西南地区是坡体凹凸性分布最广的区域,也是容易产生滑坡的地貌特征。

3. 坡度

坡度(Slope Gradient, SG)是滑坡产生的重要因素之一。一方面,随着坡度的增大,重力在斜坡方向上的分力也增大,这样产生滑坡的可能性比缓坡要大;但另一方面,随着坡度的增大,坡体岩性产生变化,坡度陡的有些地方抗风化能力强,反而产生滑坡的概率变小(Dai et al., 2002)。

本书选择SRTM 90 m分辨率的DEM进行研究,数据由(http://srtm.csi.cgiar.org/selection/inputCoord.asp)下载,利用GIS空间分析中的表面分析功能,提取了中国坡度分布图(图5.3),按照10°间隔分为6类,坡度较大的地区集中在

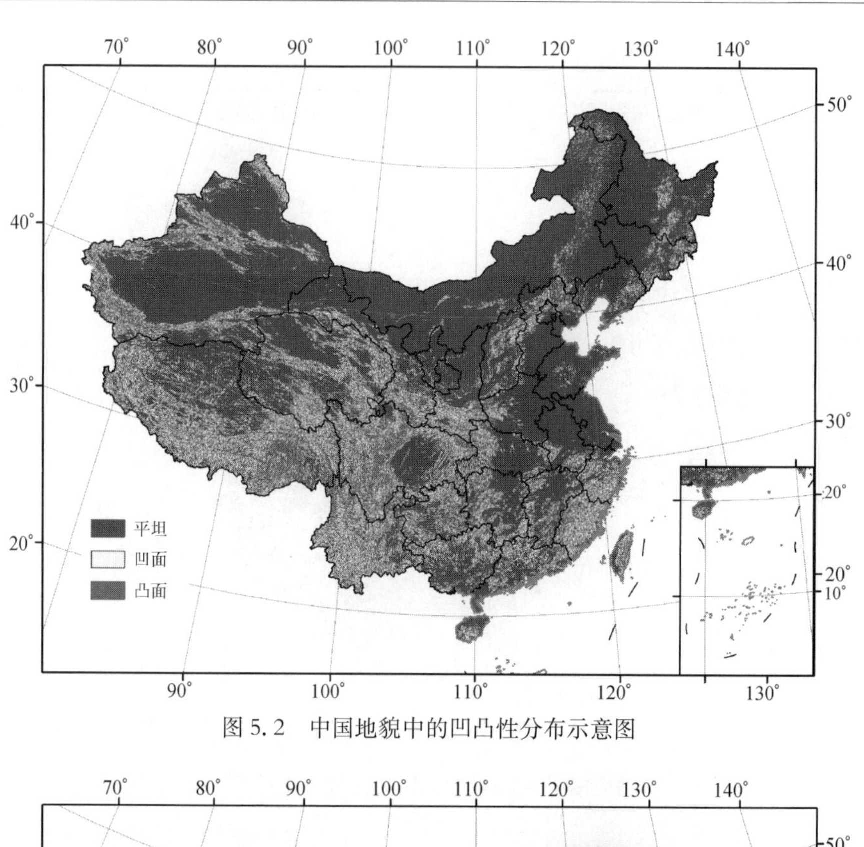

图 5.2　中国地貌中的凹凸性分布示意图

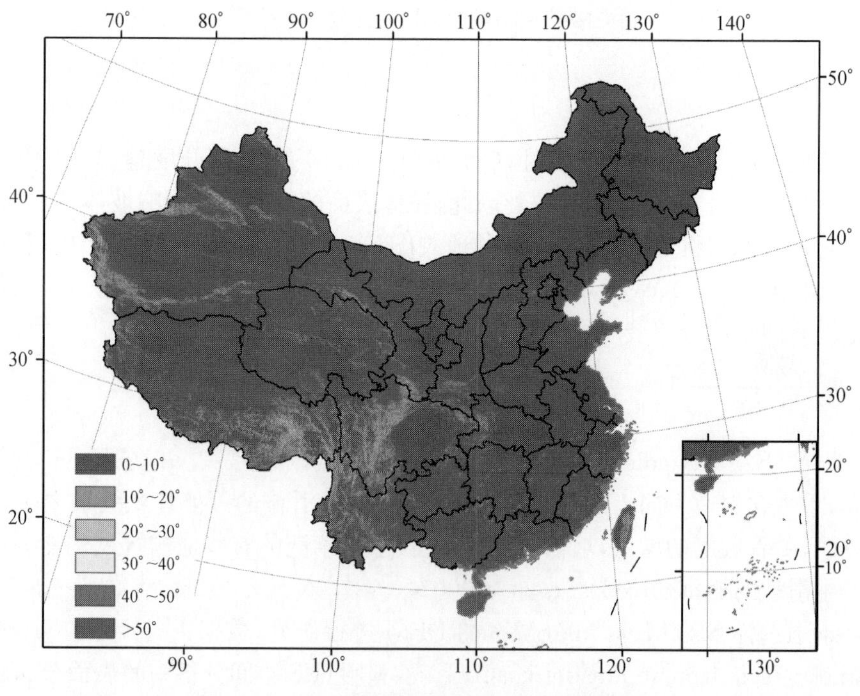

图 5.3　中国坡度等级分布示意图(后附彩图)

中国西南及中国台湾地区。

4. 坡向

坡体的走向影响坡体中水系的分布、土壤水蒸散发以及风化的情况，也是决定滑坡产生的重要因素之一。本书在90 m分辨率的DEM上，通过GIS空间分析的功能提取了中国坡向(Slope Aspect, SA)分布图(图5.4)，将坡向分为9个等级：坡向为0的地区定义为平坦(Flat)、北(North，0°～22.5°与37.5°～360°)、东北(Northeast，22.5°～67.5°)、东(East，67.5°～112.5°)、东南(Southeast，112.5°～157.5°)、南(South，157.5°～202.5°)、西南(Southwest，202.5°～247.5°)、西(West，247.5°～292.5°)、西北(Northwest，292.5°～337.5°)。

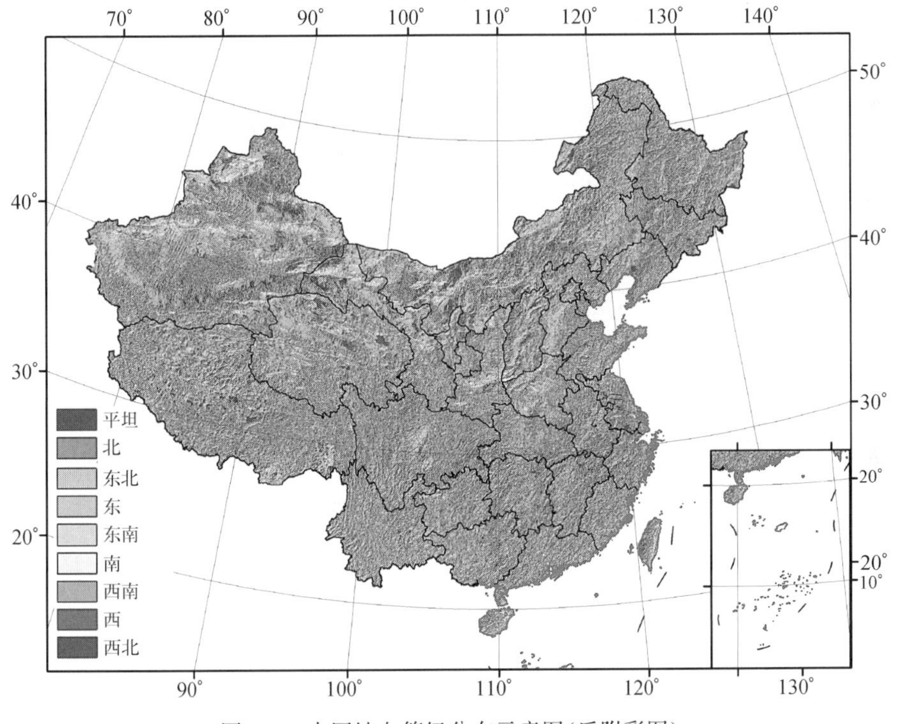

图5.4　中国坡向等级分布示意图(后附彩图)

5. 高度

高度(elevation, Elev)也是诱导滑坡产生的重要因素(Ercanoglu and Gokceoglu, 2004; Park, 2008)。在斜坡很高的山峰，主要是由风化和十分坚硬的岩石构成，发生滑坡的可能性较低，在中等高度的斜坡上一般覆盖着一层薄的崩积层，比较容易产生滑坡。而在高度非常低的地方，由于地形比较平缓而且覆盖着较厚崩积层或沉积土壤，发生滑坡的频率也较低。有学者统计，在中国滑坡大多数发生在海拔400～800 m及2 000～3 000 m，该位置集中在斜坡的中等高度上（Zhang et al.，2009）。

从90 m分辨率的DEM中，按照500 m间隔得到中国海拔高度分布图（图5.5）。其中400～800 m及2 000～3 000 m大部分分布在中国的西部新疆、甘肃部分地区；中部的山西、陕西等地区；西南部的四川、贵州、云南等地。

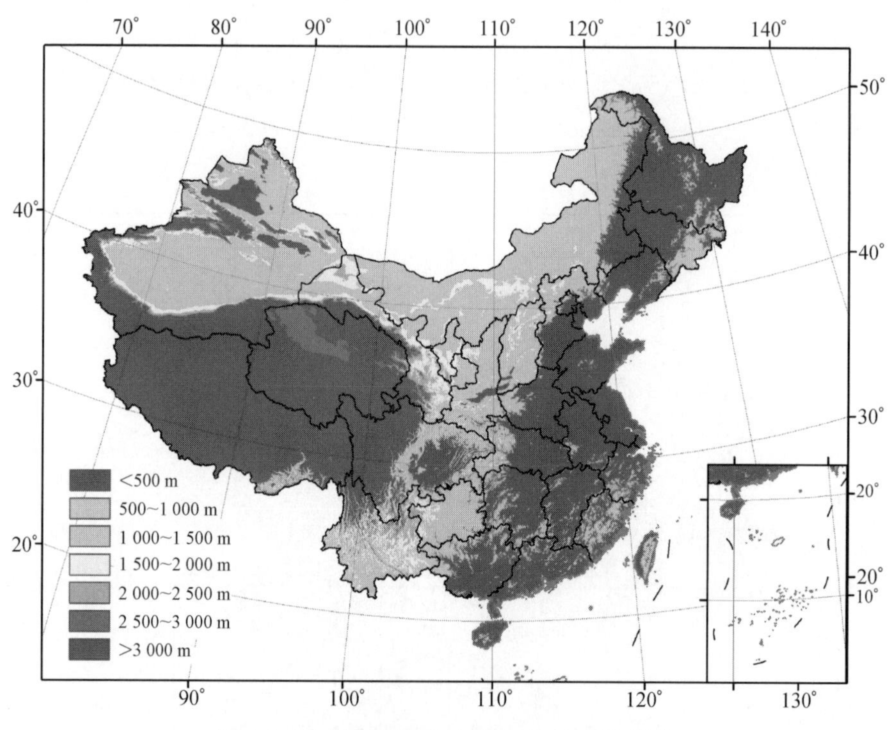

图5.5 中国海拔高度分布示意图（后附彩图）

6. 土壤性质

与岩性因素类似，土壤性质（soil property，SP）也是滑坡机理因子之一；斜坡体覆盖松散的土壤结构，容易被风化及侵蚀，产生滑坡的敏感性比较高。在中国，土壤类型分布具有地区差异性，土壤的颜色反映了土壤含水、有机质的含量以及肥力的情况，常用土壤的颜色来区分土壤的类型。据CDSTM显示，容易产生的土壤类型有：红壤（red soil，R）、黄壤（yellow soil，Y）、黄棕壤（yellow-brown soil，Yb）、棕壤（brown soil，B）、褐土（cinnamon soil，C）、暗棕壤（dark-brown soil，Db）、棕色针叶林土（brown coniferous forest soil，BC）以及潮土（fluvo-aquic soil，Fa）。

将中国1∶400万的中国土壤类型图(来自国家基础地理信息中心)按照列举的土壤类型进行再分类,得到图5.6,图中Other为其他土壤性质。这8种易发生滑坡的土壤主要分布在中国的南部、东部等地区,这些地区的土壤结构松散,土质容易受侵蚀,产生滑坡。

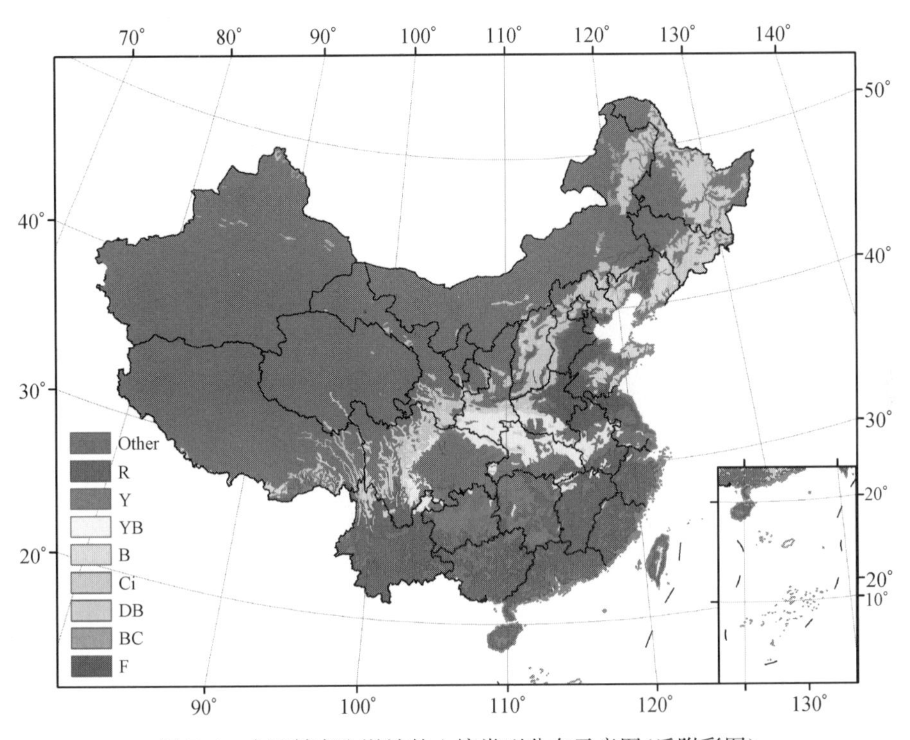

图5.6　中国易产生滑坡的土壤类型分布示意图(后附彩图)

7. 植被覆盖度

滑坡常发生在植被较少的地区,因此可以利用植被覆盖度(vegetation coverage, VC)来衡量滑坡的敏感性。在遥感影像中,植被覆盖度通常用归一化植被指数(normalized difference vegetation index, NDVI)来计算;NDVI是利用影像中的近红外波段(near-infrared band, NIR)以及红外波段(red band, R)计算得到的式(5.9)。

$$\mathrm{NDVI}=\frac{\mathrm{NIR}-R}{\mathrm{NIR}+R} \tag{5.9}$$

在NDVI提取中,本书选择250 m分辨率的MODIS数据(2009～2012年四年的年平均值)来进行计算,利用式(5.9)计算得到NDVI值。植被覆盖度VC利用式(5.10)计算得到。

$$VC = \frac{NDVI - NDVI_{min}}{NDVI_{max} - NDVI_{min}} \tag{5.10}$$

式中，$NDVI_{max}$为整个区域NDVI的最大值，通常是植被最密集的地区；$NDVI_{min}$为整个区域NDVI的最小值，代表稀少或没有植被的地区（Wan，2009），VC的值介于0～1。图5.7将植被覆盖度分为5类，植被最少的区域植被覆盖度<20%，植被最多的区域植被覆盖度>90%。

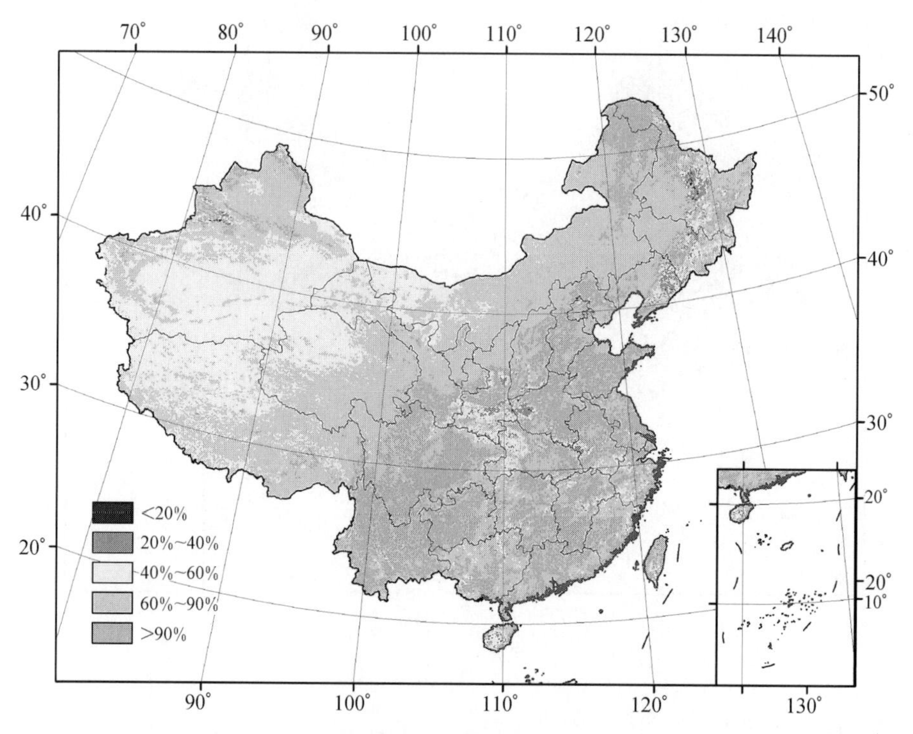

图5.7　中国植被覆盖度等级示意图（后附彩图）

还有水系（Flow，Fl）及断裂带（Fracture，Fr）因子。

滑坡的分布还与水系及断裂带的分布有关，通常情况下，离水系及断裂带较近的地区，产生滑坡的概率越大（Montgomery et al.，2002）。本书分别从国家基础地理信息中心及中国大陆地壳应力环境基础数据库中获取到了1∶400万的中国水系分布图（图5.8）以及断裂带图（图5.9）。按照距离水系及断裂带的长度分为7类：类1，<0.5 km；类2，0.5～1.0 km；类3，1.0～1.5 km；类4，1.5～2.0 km；类5，2.0～2.5 km；类6，2.5～3.0 km；类7，>3.0 km。

上述列举的这9个因子是引发滑坡的主要内部因子，因此需要综合进行考虑。根据上面对每种因子的分类，对分类进行定量化，得到表5.1。表5.1中的因子用英文简写来代替，Elev、Fl和Fr的单位为km，其他因子没有单位。

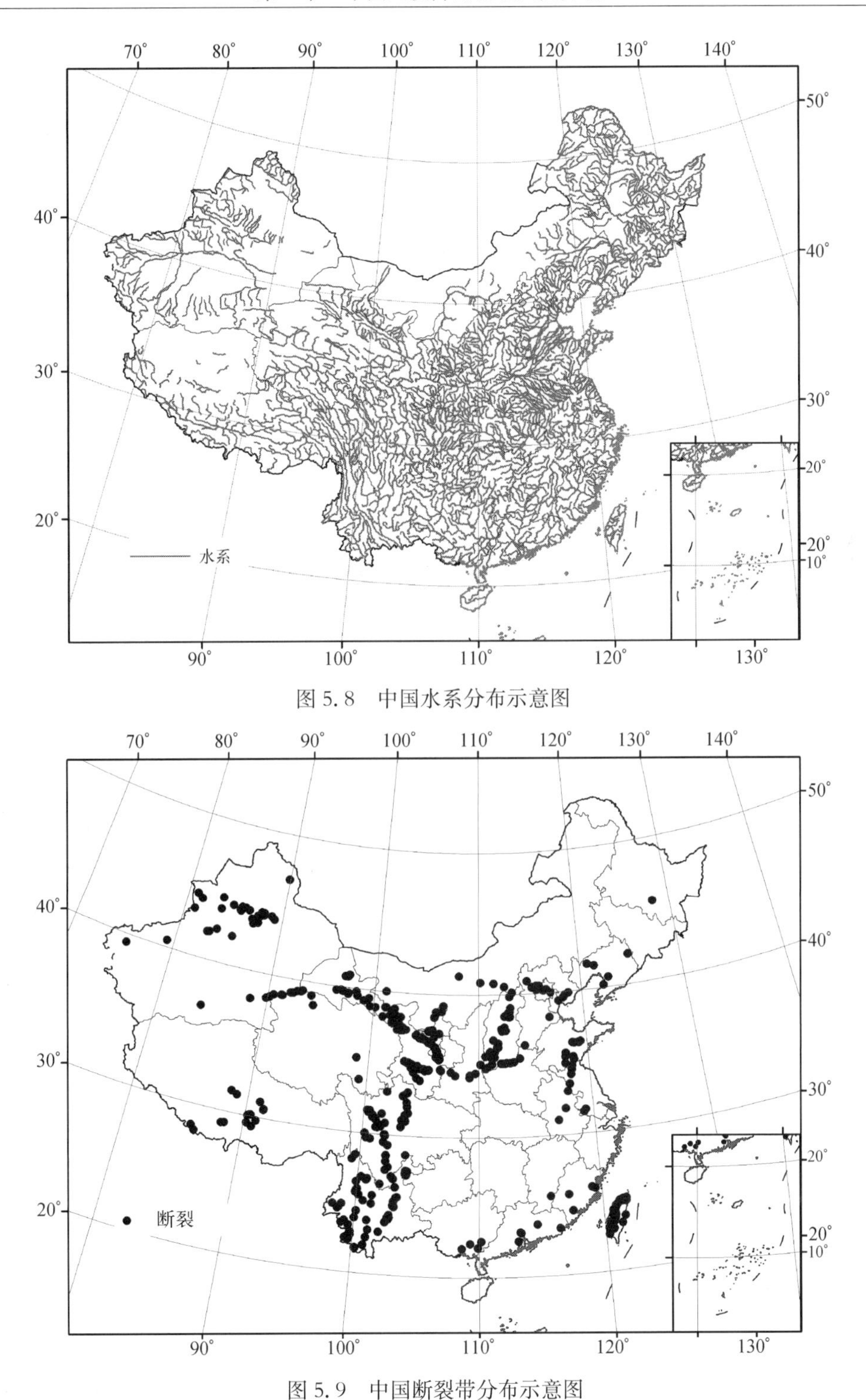

图5.8　中国水系分布示意图

图5.9　中国断裂带分布示意图

表5.1 滑坡内部因子分类定量化描述

因子	分类							
	1	2	3	4	5	6	7	8
Lith	J	M	S	A	Si	Co	Sa	P
Con	Concave	Flat	Protrude					
SG	0～10°	10°～20°	20°～30°	30°～40°	40°～50°	>50°		
SA	东	东南	南	西南	西	西北	北	东北
Elev/km	<0.5	0.5～1.0	1～1.5	1.5～2.0	2.0～2.5	2.5～3.0	>3.0	
SP	R	Y	Yb	B	C	Db	BC	Fa
VC/%	<20	20～40	40～60	60～80	>80			
Fl/km	<0.5	0.5～1.0	1.0～1.5	1.5～2.0	2.0～2.5	2.5～3.0	>3.0	
Fr/km	<0.5	0.5～1.0	1.0～1.5	1.5～2.0	2.0～2.5	2.5～3.0	>3.0	

因子指标的数量化方法一般是选取各因子所包含单位面积的滑坡面积(滑坡面积与所选因子目标面积比值)参数作为描述滑坡与影响滑坡因子的关系参数。本书中，采用的滑坡影响因子的不同分布区间出现的相对频率为滑坡因子的指标数量化，设RP_{ij}为某因子i的某区间j出现的相对频率，则有公式如下：

$$RP_{ij} = \frac{P_{ij}}{P_i} \tag{5.11}$$

本书统计了第3章收集到的1 221条滑坡历史记录，其空间分布在这9个滑坡内部因子图层上出现的相对概率，见表5.2，其中每行因子对应的比例值相加为1。由表5.1、表5.2可知，这1 221条滑坡记录中，多数滑坡发生在Lith-4(泥质砂岩)、Con-1(凹形地貌区)、SG-4,5,6(坡度30°以上)、SA-1,2,3,4(东、东南、南、

表5.2 滑坡记录在不同滑坡因子中出现的比例

因子	分类							
	1	2	3	4	5	6	7	8
Lith	0.12	0.09	0.17	0.24	0.15	0.11	0.04	0.08
Con	0.58	0.26	0.16	0	0	0	0	0
SG	0	0.03	0.16	0.29	0.27	0.25	0	0
SA	0.14	0.16	0.18	0.17	0.15	0.09	0.09	0.08
Elev	0.01	0.14	0.17	0.22	0.19	0.19	0.08	0
SP	0.38	0.36	0.15	0.02	0.05	0.02	0	0.02
VC	0.34	0.25	0.23	0.11	0.07	0	0	0
Fl	0.30	0.25	0.18	0.12	0.06	0.04	0.02	0
Fr	0.36	0.20	0.15	0.13	0.06	0.05	0.05	0

西南)、Elev－2,3,4,5,6(0.5～3 km)、SP－1,2(红壤,黄壤)、VC－1,2,3(植被覆盖度小于60%)、Fl－1(距离水系0.5 km以内)、Fr－1(距离断裂带0.5 km以内)这些地区。

通过对滑坡历史记录在不同滑坡因子指标的定量化,可以了解滑坡因子中的哪些分类最容易产生滑坡,也会后期BP神经网路模型训练提供输入参数。

5.1.4　基于BP神经网络训练的滑坡敏感性制图及分析

采用BP神经网络,目的是要得到上述各因子的权值,图5.10描述了该BP网络的主要思想。其中,上述的9个滑坡内部因子为输入层,中间是隐层,输出层只有1层,为滑坡的敏感性。

1. 样本数据选择

为了得到上述9个滑坡内部因子的权重值,至少需要有9个样本数据才能满足。而当样本数据选择过多时,网络训练变慢其精度变低。第3章中,我们得出结论:收集到的1 221条典型滑坡多数分布在东南、中部以及西南地区;同时,上述9个滑坡内部因子获取的时间都在2000年之后,为了使训练样本均匀且满足时空一致性的特点,在这里我们只考虑2000年之后的滑坡历史记录,按照经纬度间隔将整个研究区域进行划分(纬度间隔为5°,经度间隔为10°),见图5.11。图中浅色点为样本数据,深色点为2000年后的滑坡历史记录。样本数据按照从上到下,从左到右的顺序进行编号,共有20个样本数据。部分样本数据分布在经纬格网的节点处,另外部分的样本数据分布在距离节点最近的滑坡点处。

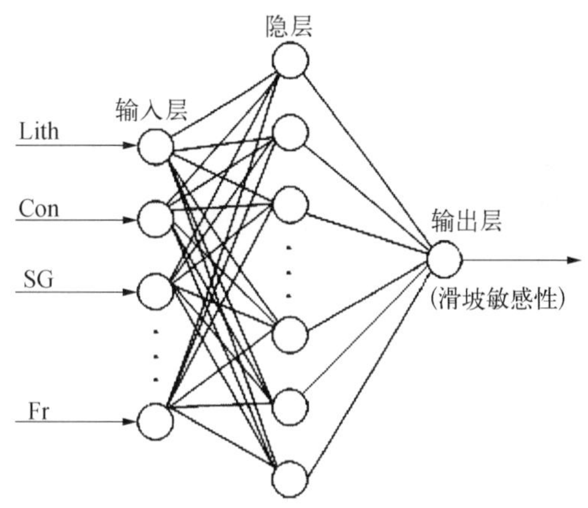

图5.10　BP神经网络模型用于滑坡敏感性分析

表5.3和表5.4中显示了这20个样本数据的滑坡因子定量化指标以及状态,其中表5.3中的17个样本(ID:1,2,3,5,6,7,8,9,11,12,13,14,15,16,17,18,20)作为神经网络训练用,表5.4中的3个样本(4,10,19)作为网络精度检验。Z值为前面所有因子的定量化指标之和,显然Z的值越大,对滑坡的敏感性就越大。为了利用BP神经网络来评价滑坡的敏感性和将Z值映射到[0,1],得到Z',利用式(5.12)实现:

$$Z'=\left(\frac{1}{1+e^{-Z}}-0.5\right)/0.5 \tag{5.12}$$

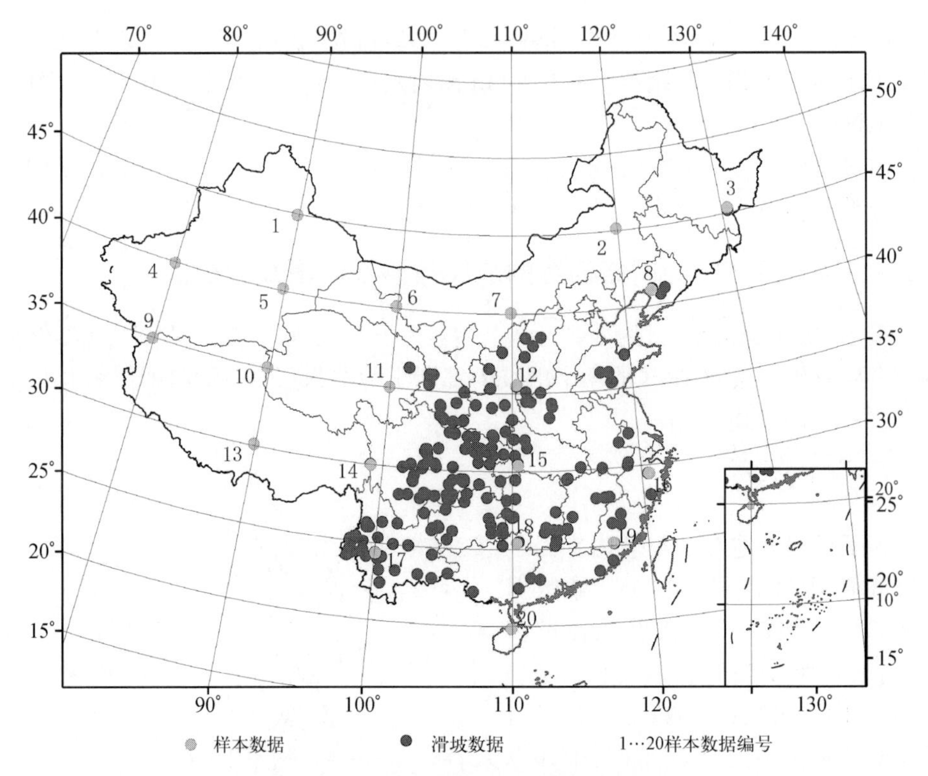

图 5.11 BP 神经网络样本数据选取

表 5.3 17 个训练样本数据的定量化指标

ID	Lith	Con	SG	SA	Elev	SP	VC	Fl	Fr	Z	Z′	状态
1	0	0.26	0	0.16	0.14	0	0.23	0	0	0.79	0.37	稳定
2	0	0.26	0	0.14	0.17	0	0.23	0	0	0.80	0.38	稳定
3	0	0.26	0.03	0.16	0.01	0.38	0.23	0	0	1.07	0.49	失稳
5	0	0.26	0	0.15	0.14	0.02	0.25	0	0	0.82	0.39	稳定
6	0	0.26	0	0.14	0.01	0.02	0.11	0	0	0.54	0.26	稳定
7	0.04	0.58	0	0.09	0.05	0	0.23	0	0	0.99	0.46	稳定
8	0.07	0.58	0.03	0.09	0.05	0.05	0.11	0.25	0	1.23	0.55	失稳
9	0.04	0.16	0	0.16	0.08	0	0.11	0	0	0.55	0.27	稳定
11	0.17	0.16	0	0.16	0.01	0	0.07	0	0	0.57	0.28	稳定
12	0.15	0.58	0	0.16	0.14	0.36	0.07	0	0	1.46	0.62	失稳
13	0	0.58	0	0.09	0.08	0	0.23	0	0	0.98	0.45	稳定
14	0.24	0.26	0	0.08	0.01	0.38	0.11	0	0	1.08	0.49	失稳
15	0	0.26	0	0.15	0.17	0.38	0.11	0.12	0	1.19	0.53	失稳
16	0	0.26	0	0.14	0.14	0.38	0.11	0.18	0.36	1.57	0.66	失稳
17	0	0.58	0	0.14	0.01	0.38	0.23	0.06	0	1.40	0.60	失稳
18	0.17	0.58	0	0.09	0.14	0.36	0.11	0.24	0	1.69	0.69	失稳
20	0.15	0.26	0.03	0.08	0.17	0.15	0.07	0	0	0.91	0.43	稳定

表5.4　3个神经网络精度检验样本的定量化指标

ID	Lith	Con	SG	SA	Elev	SP	VC	Fl	Fr	Z′	状态
4	0	0.26	0	0.17	0.08	0	0.11	0	0	0.27	稳定
10	0.11	0.26	0	0.09	0.17	0.05	0.11	0	0	0.46	稳定
19	0.11	0.58	0	0.08	0.01	0.38	0.11	0.25	0	0.61	失稳

2. BP神经网络训练

选择训练的BP神经网络,输入层为9层,输出层为1层,隐层通常是输入层的2倍以上,因此在这里把隐层设定为19层,将网络训练的均方根误差设置为10^{-3}。采用MATLAB® 2012神经网络工具箱,将上述的17个样本作为训练样本,3个样本作为精度检验样本,代入网络进行训练,当网络训练到146次时,均方根误差达到10^{-3}以下(图5.12)。根据该BP神经网络训练的结果,计算得到各因子的权重值,如式(5.13)所示。

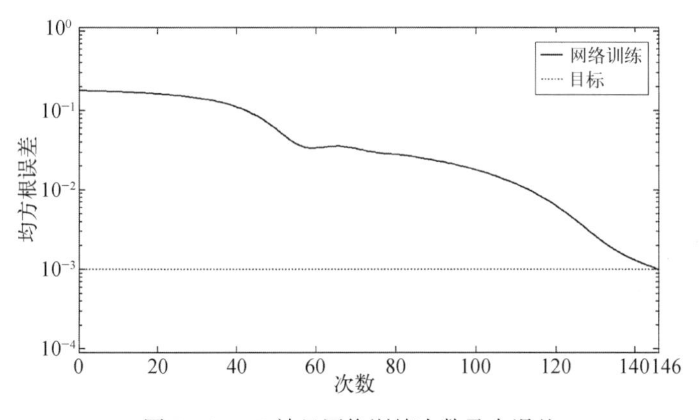

图5.12　BP神经网络训练次数及中误差

$$
\begin{aligned}
&\text{Weight(Lith, Con, SG, SA, Elev, SP, VC, Fl, Fr)} \\
&= (0.1020, 0.1650, 0.1473, 0.1405, 0.1028, 0.1481, 0.0083, \\
&\quad 0.1318, 0.0542)
\end{aligned}
\tag{5.13}
$$

3. 滑坡敏感性制图及分析

通过BP神经网络训练,得到了9个滑坡内部因子的权重值。将它们栅格化,并统一插值成1 km×1 km的栅格图,然后将每个栅格图乘以得到的相应权重值并进行图层的叠加,最终制作了中国滑坡敏感性分布图(图5.13),敏感性的值介于0~1。可以看出,滑坡敏感性较高的地区有陕西南部、四川南部、云南、贵州地区、浙江、福建、中国台湾等地区，这个结果也与第 3 章根据滑坡历史记录分析得到的结果相一致。

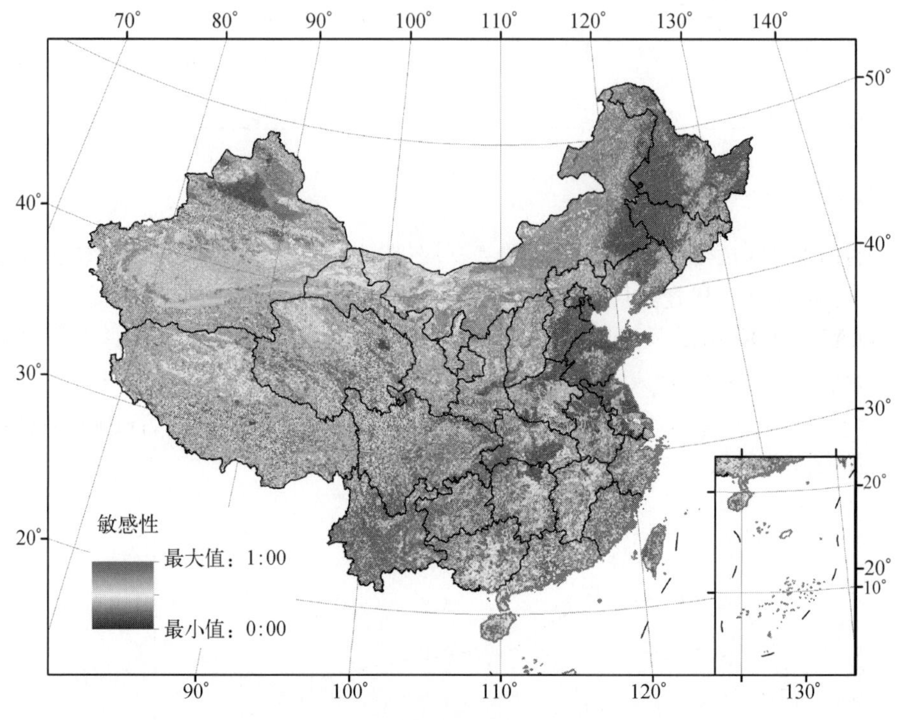

图 5.13　中国滑坡敏感性分布示意图(后附彩图)

将得到的滑坡敏感性按照 0.2 的间隔分成 5 类(表 5.5)，用 1～5 的数字标示滑坡敏感性的等级：1 -非常低；2 -低；3 -中等；4 -高；5 -非常高，见图 5.14。其中滑坡敏感性高的区域(等级 4 和等级 5)占整个区域的 4.15%；滑坡敏感性低的区域(等级 1 和等级 2)占整个区域的 77%以上。

表 5.5　滑坡敏感性等级分类

等　级	滑坡敏感性	描　述	百分比/%
1	0.00～0.20	非常低	29.61
2	0.20～0.40	低	47.68
3	0.40～0.60	中等	18.56
4	0.60～0.80	高	4.04
5	0.80～1.00	非常高	0.11

图 5.14 的分类结果使中国滑坡敏感性分布更加明显，滑坡敏感性较高的省份有：浙江、四川、广西、广东、江西、陕西、湖北、湖南、海南、中国台湾。当滑坡的外

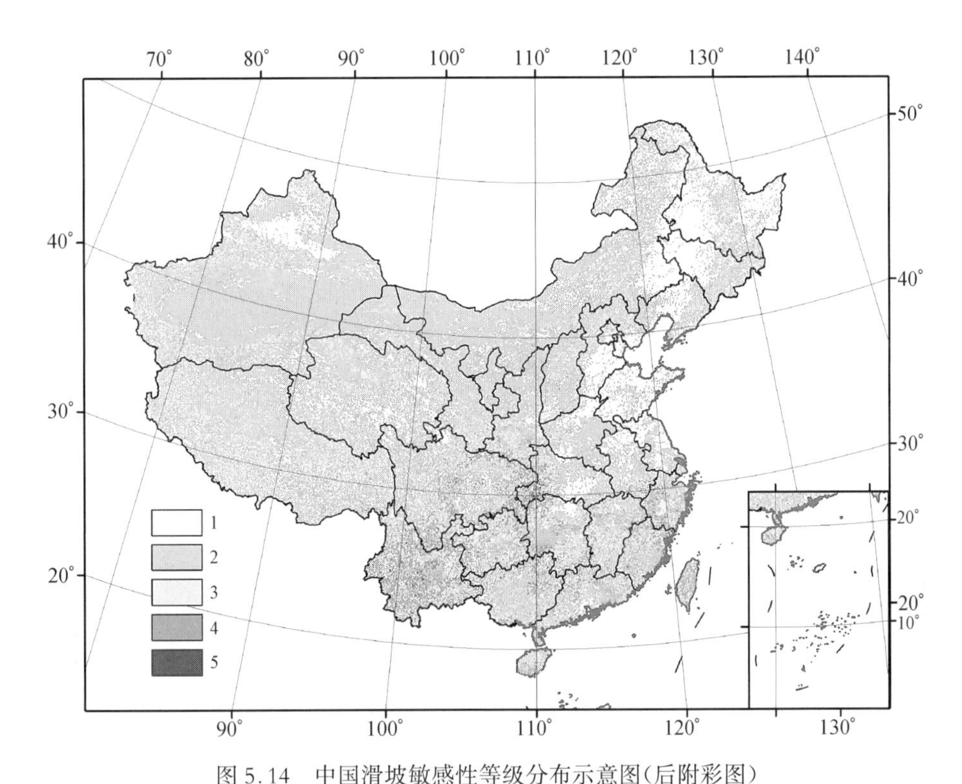

图5.14 中国滑坡敏感性等级分布示意图(后附彩图)
[1：0≤非常低<0.2;2：0.2≤低<0.4;3：0.4≤中等<0.6;4：0.6≤高<0.8;
5：0.8≤非常高≤1.0]

部因子：降雨、地震、洪水等发生在这些地区时，容易引发滑坡灾害。

4．滑坡敏感性制图精度分析

在滑坡敏感性制图的研究中，许多学者通常采用经验对滑坡内部因子赋予权重值(Hong et al.，2007；Günther et al.，2012)，这些研究中的权重值缺少理论的依据以及精度的检验过程，适用于精度要求不高的大范围区域。基于滑坡历史记录，采用BP神经网络，通过各因子指标的定量化，有效地解决了滑坡内部因子的非线性相关的问题，得到的各因子权重值具有合理的依据。

此外，从第3章中介绍的世界滑坡权威数据库(ICL、USGS、ILC、EM - DAT、AGU、滑坡数据及潜在风险数据库)中收集到的112个发生在中国的典型滑坡记录，作为验证的数据，叠加到图5.14中，得到图5.15，表5.6中记录了112个验证数据在滑坡敏感性等级图中的分布情况，其中88.39%的验证数据分布在滑坡敏感性高的地区；此外，有9个记录分布在滑坡敏感性低的区域。根据这个验证结果可知，通过上述方法得到的中国滑坡敏感性等级图精度较高，满足后期滑坡风险分析的要求。

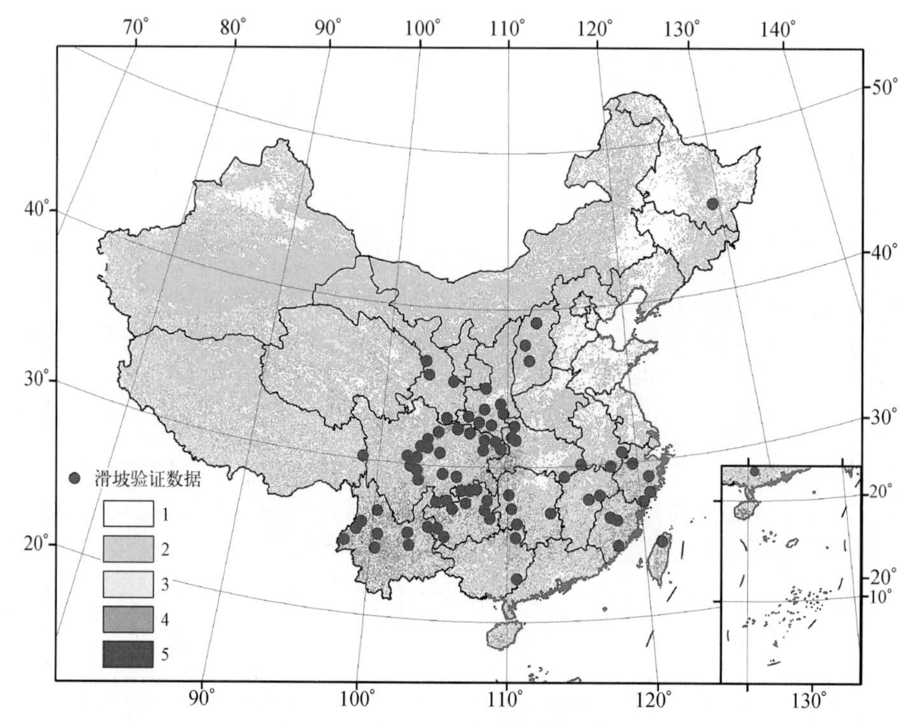

图 5.15 滑坡敏感性数据验证(后附彩图)

表 5.6 滑坡敏感性精度分析

	滑坡记录数	百分比/%	敏感性等级
	3	2.68	非常低
	6	5.36	低
	5	4.46	中等
	44	39.29	高
	54	48.21	非常高
合计	112	100.00	

5.2 降雨滑坡风险性分析

滑坡风险分析是对研究区是否存在滑坡风险进行定性的分析以及探究是否存在承灾体。承灾体是指直接受到影响和损害的人类社会主体,主要包括人类本身和社会发展的各个方向,如工业、农业、交通、通信、各种减灾工程设施以及人们所积累起来的各类财富等。滑坡承灾体受灾害的程度,除受滑坡内外因素有关外,很大程度上取决于承载体自身的脆弱性。滑坡灾害主要影响人类自身的生命安全以及阻碍道路,生命线的畅通,因此本部分利用前面得到的结论,分别分析了降雨滑坡对铁路、公路以及居民点的主要影响范围。

5.2.1 潜在滑坡威胁的铁路及公路分布区

铁路、公路是重要的交通运输基础设施,同时也是成为躲避灾害、人员撤离、专业营救的重要生命线,是重要的滑坡承灾体,受滑坡内外因素的影响。滑坡敏感性属于对滑坡内部因素的分析,说明了中国潜在发生滑坡灾害的区域。将中国铁路网(来自国家地理信息中心)数据与滑坡敏感性分布图叠加,并统计滑坡敏感性高的铁路所在的区域,见图5.16。图5.16中椭圆形标注的区域属于滑坡敏感性高的铁路区域,它们大多数分布在云贵川境内的成昆线、昆河线以及贵昆线处。由于云南省雨水较多,该处的滑坡主要以降雨滑坡为主。

发生在这三条铁路线上的滑坡新闻报道比较多,例如,2001年6月28日5时,因连日阴雨之后的山体与遇上长时间大暴雨,造成昆贵铁路曲靖至塘子车站之间的尹堡村车站发生山体滑坡,铁路被迫中断;2011年6月16日22时,特大暴雨突袭四川、云南等地,成昆铁路白果至普雄段每小时雨量达91.2 mm,17日7时,在白果到普雄47千米线路上,发生多处山体滑坡,成昆

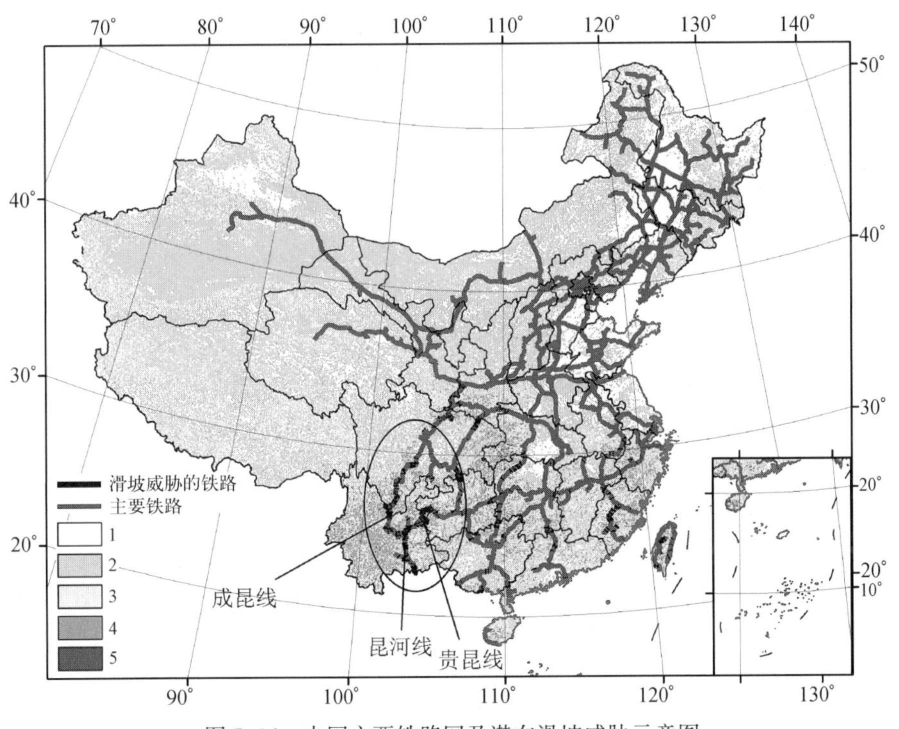

图5.16 中国主要铁路网及潜在滑坡威胁示意图

铁路被迫中断停车。

根据上面的原理,得到了潜在滑坡威胁的中国主要公路分布(图5.17)。由于公路的分布较铁路密集,其受到的滑坡威胁也多于铁路的。受潜在滑坡影响较大的公路主要分布在中国的西南、陕西南部、四川东部,东南地区,其中云南省境内的多条公路受滑坡威胁大。

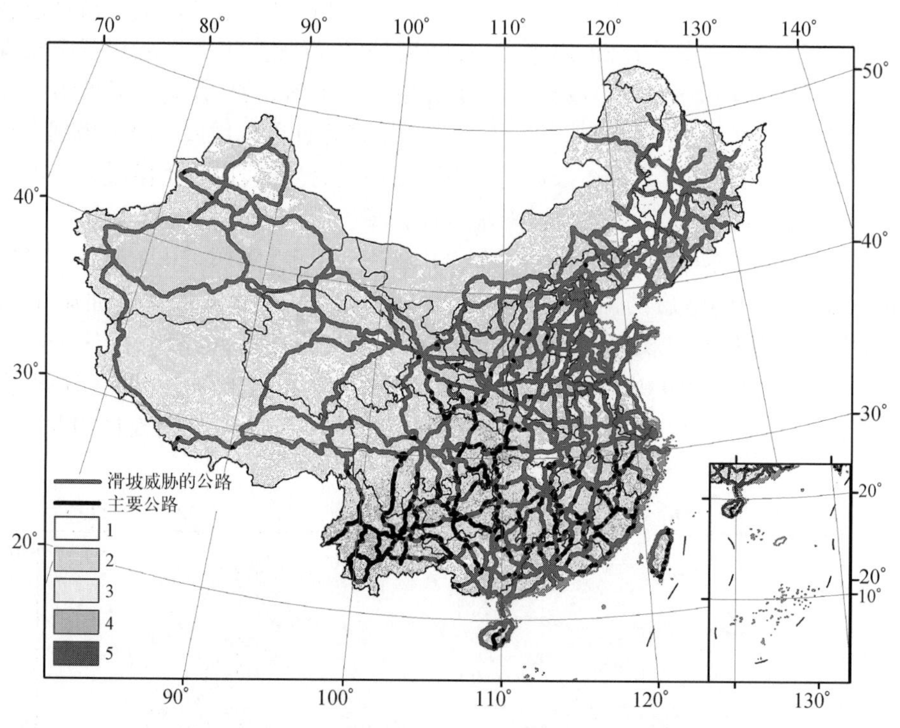

图5.17　中国主要公路网及潜在滑坡威胁(后附彩图)

5.2.2　潜在滑坡威胁的居民点分布

我们从国家地理信息中心获取到了中国居民点矢量分布数据,数据的最低行政单位为村,以点的形式进行记录。将居民点分布范围与滑坡敏感性高的区域进行叠加,得到潜在滑坡威胁的居民点分布图(图5.18)。

从图5.18中可以看出,受滑坡威胁的居民点大多数集中在中国的西南、中部部分范围以及东南等地,将该区域放大进行分析(图5.19)。潜在滑坡的居民点主要分布在云南、贵州大部分地区;四川、陕西、湖南、湖北的交界处;广西、广东、湖南、江西的交界处;浙江、福建、海南、中国台湾部分地区。这些区域也是降雨滑坡重要的分布区域。

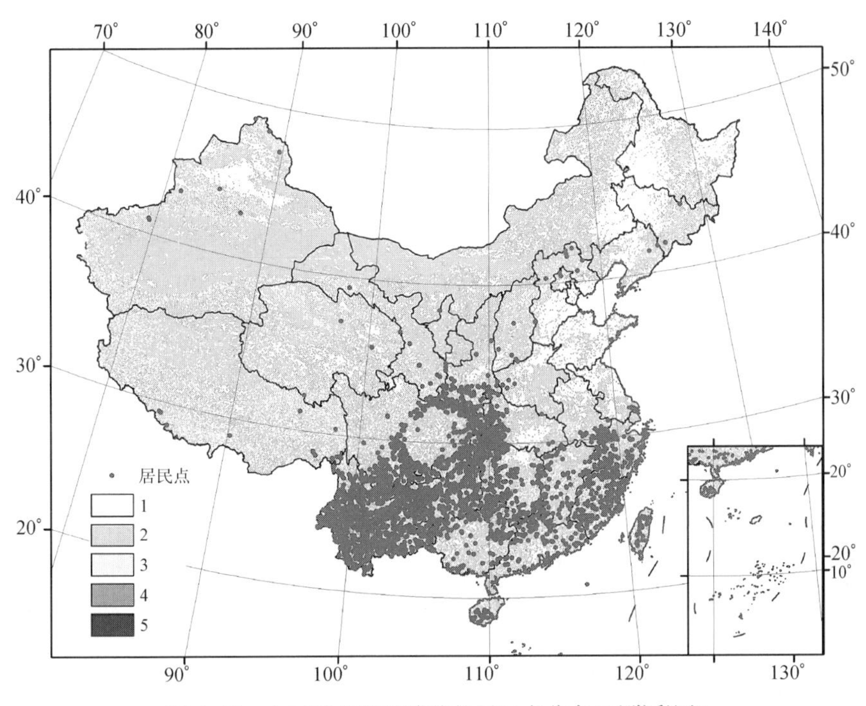

图5.18　中国潜在滑坡威胁的居民点分布(后附彩图)

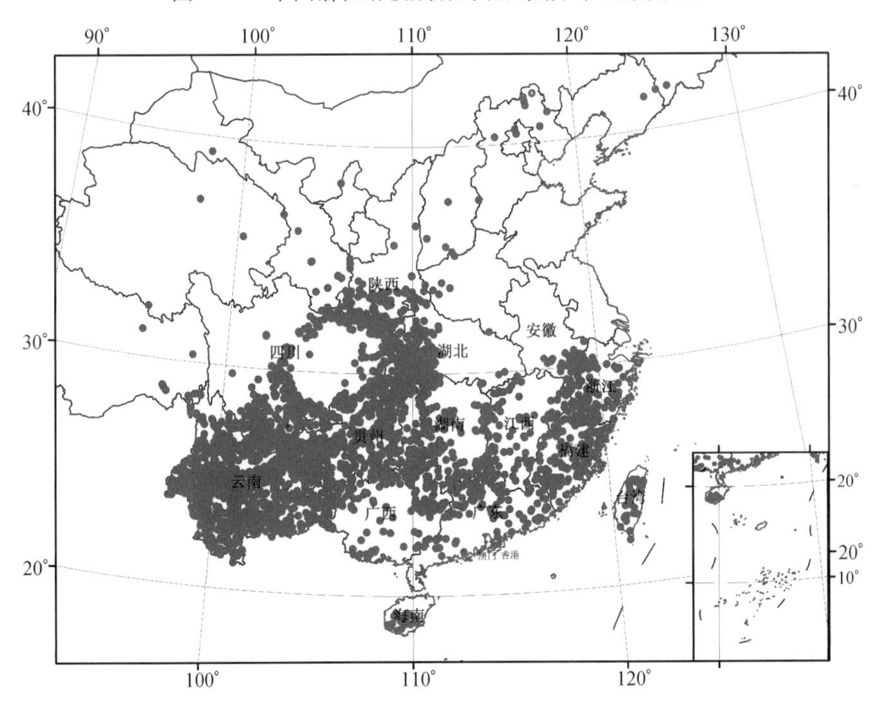

图5.19　中国潜在滑坡威胁的南方居民点分布

5.2.3 降雨滑坡的风险分析

了解降雨滑坡发生的规律，需要明确的是滑坡的发生位置以及发生时间。第3章中统计的滑坡历史发生事件，本章中解算的滑坡敏感性都很好地总结了中国滑坡发生的主要区域，但没有考虑时间因素。第4章中比较的卫星降雨产品的实时性、数据的精度问题以及降雨滑坡中降雨强度与时间的关系，是为了明确滑坡的发生时间。将二者统一在一起，属于滑坡危险性分析的范畴，可以揭示降雨滑坡的发生规律以及演变过程，能够为风险分析提供有力的科学依据。

滑坡危险性是指滑坡可能引起不良后果的条件。滑坡危险性的描述应当包括潜在滑坡的位置、体积（或者面积）、类型和速度、中间产生的分离物，以及特定时间内发生的概率。Mora和Vahrson（1994）给出了滑坡危险性的计算公式：

$$H = S \times T \tag{5.14}$$

式中，H为滑坡危险性，S为滑坡内部因子的乘积，T为滑坡外部因子的总和。在本书中，滑坡内部因子的乘积S看作滑坡敏感性，T看作降雨量。将第4章中收集到的2005～2011年的TRMM全年数据的均值（归一化后）乘以第5章中计算的滑坡敏感性得到中国降雨滑坡危险性分布（归一化后），按照0.2的间隔将滑坡危险性分为5级（图5.20），1～5级降雨滑坡危险性逐渐增高。

中国的降雨滑坡危险性较高的区域主要集中在西南地区、秦岭-淮河以南地区、华南地区以及东南沿海等地区，特别是东南沿海等地区滑坡的危险性所占的区域最大，主要是因为中国的年降雨多数集中在东南沿海地区的原因。我们拿2012年、2013年中国地质灾害通报中统计的滑坡记录（图5.21）进行比较，发现发生滑坡的主要区域（圆圈内）与降雨滑坡危险性等级分布图中得到的最危险区域的分布基本一致。可以得出的结论有：滑坡记录主要是以降雨滑坡为主；得到的降雨滑坡危险性分布可以揭示中国降雨滑坡的年际分布规律；进一步印证了得到的滑坡危险性等级分布图的真实性与可用性。

中国降雨滑坡危险性等级分布只是说明了降雨滑坡可能出现的主要区域，由于山体滑坡在很多时候是一种突发过程，需要结合第4章中得到的降雨强度与时间之间的公式（式4.2）来进行进一步的分析。

$$I = 85.72 \times D^{-1.15}, \quad 3 < D < 45$$

当某个区域处在滑坡敏感性较高的地，且某个时段的平均降雨强度$I \geqslant 85.72 \times D^{-1.15}$（$3 < D < 45$）时，该地区极有可能发生滑坡。本书以2013年9月4日0时～5日21时为例，采用TRMM 3 h的3B42数据，来说明中国降雨滑坡短期风险分析。

据中国国土资源部2013年9月4～5日的中国地质灾害气象预报结果显示

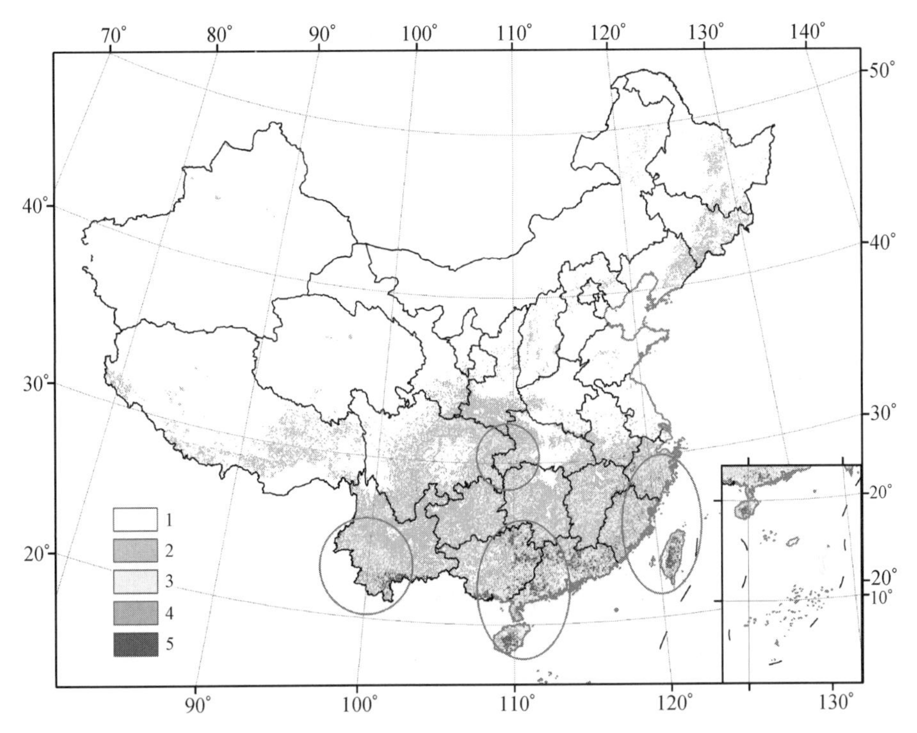

图 5.20　中国降雨滑坡危险性等级分布图(后附彩图)

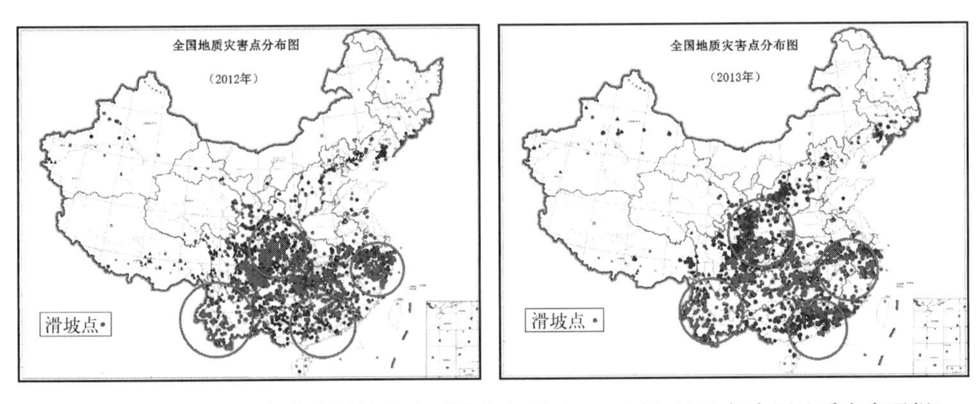

图 5.21　2012～2013 年中国滑坡发生区域分布(来自 2012 年、2013 年中国地质灾害通报)

(http://www.mlr.gov.cn/zwgk/zqyj/201309/t20130905_1267043.htm),9 月 4 日 20 时至 9 月 5 日 20 时,云南西部和东南红河州局部、广西东南局部、广东西南局部、四川雅安市局部发生地质灾害的可能性较大。

根据 TRMM 影像计算得出这个时段每 3 h 最大降雨强度变化与式(4.2)计算得到的滑坡降雨强度临界值(图 5.22)。其中,实线表示滑坡临界降雨强度,虚线表示实际最大降雨强度(来自 TRMM 影像)。当降雨持续 27 h 时,实际最大降雨

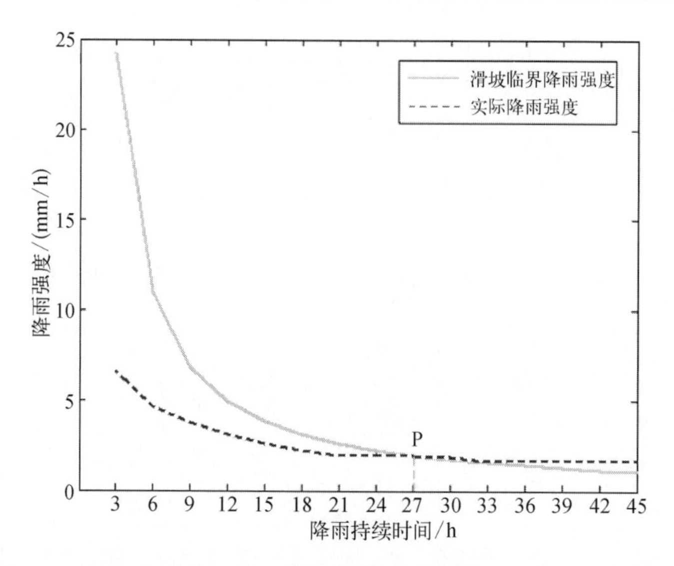

图 5.22　2013 年 9 月 4 日 0 时～5 日 21 时降雨持续时间/h 实际降雨强度与滑坡降雨强度临界值之间的关系

强度开始高于滑坡临界降雨强度，说明部分地区极有可能开始产生滑坡灾害，这部分地区是滑坡敏感性高且实际降雨强度大于滑坡临界降雨强度的地区；当进行到

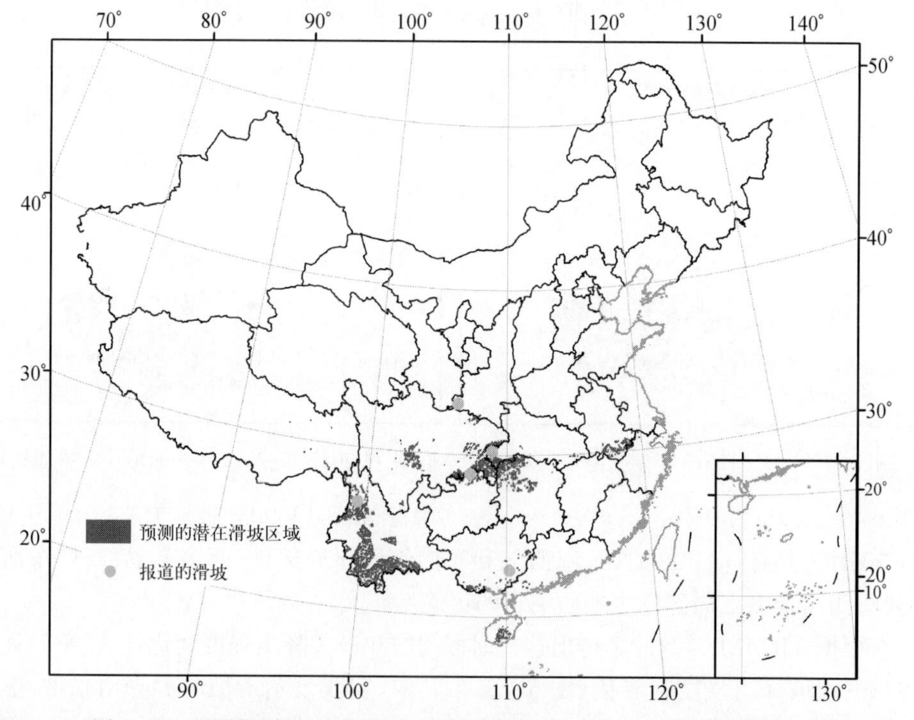

图 5.23　预测得到 2013 年 9 月 4 日 0 时到 9 月 5 日 21 时的降雨滑坡区

45 h 时，实际降雨强度与滑坡临界降雨强度的差值最大，通过这种方法预测到的滑坡发生区域见图 5.23。预测的滑坡主要发生在云南的西南部、四川中部雅安地区、四川湖南贵州交界处、安徽福建交界处、广西东南局部、广东西南局部以及海南南部地区。实际发生的降雨滑坡也分布在预测的滑坡区域中。同时，该模型预测的结果与中国国土资源部得到的气象预报结果基本一致。

5.3　本 章 小 结

本章重点探讨中国降雨滑坡的特点、分布以及风险分析。滑坡风险分析中主要的环节是滑坡的敏感性分析，它可以指示出哪些区域极易产生滑坡。

我们通过第 3 章中得到的滑坡历史记录，结合影响滑坡产生的 9 个重要滑坡内部因子（岩性、凹凸性、坡度、坡向、高度、土壤性质、植被覆盖度、水系及断裂带分布），通过寻找滑坡历史记录在滑坡内部因子中出现的概率，建立了 BP 神经网络并计算得到 9 个重要滑坡内部因子的权重；基于 GIS 空间分析中的图层叠加功能，最终得到了中国滑坡敏感性分布。这个实验滑坡敏感性较高的省份有：浙江、四川、广西、广东、江西、陕西、湖北、湖南、海南、中国台湾。当滑坡的外部因子：降雨、地震、洪水等发生在这些地区时，容易引发滑坡灾害。

滑坡敏感性分析得到了中国潜在滑坡的重要区域分布，是滑坡风险分析中的重要环节。在此基础上，本书引入了中国铁路、公路以及居民区的分布，分别得到了这些滑坡承载体的潜在滑坡风险区域。

采用前面获取到的 TRMM 数据，得到了中国降雨滑坡危险性等级分布图并分析了其风险分布。降雨主要集中在西南地区、秦岭-淮河以南地区、华南地区以及东南沿海等地区，特别是东南沿海等地区滑坡的危险性所占的区域最大。这个结果也与 2012～2013 年中国地质灾害通报中统计的记录分布相一致。同时，根据第 4 章中拟合得到的滑坡中降雨强度与持续时间的关系曲线，以 2013 年 9 月 4 日 0 时至 9 月 5 日 21 时为例，分析了短期降雨影响到的重要区域。

本章的成果是前面几章的进一步分析与延续，得到了中国降雨滑坡短期与年际的分布规律，但由于数据分辨率以及经验模型的局限性，只能得到国家尺度的降雨滑坡风险分析结果，没有考虑降雨滑坡的机理性因素，不适用区域性降雨滑坡风险分析。因此，第 6 章本书将从浅层降雨滑坡物理模型入手，阐述经验与物理模型的相互作用，研究区域降雨滑坡的风险分析。

第 6 章　区域尺度降雨滑坡风险分析

上面研究的降雨滑坡是在整个中国尺度下，通过经验降雨阈值的思路，简单地应用于评价降雨诱发的滑坡；但其精度无法满足区域或单体尺度滑坡风险研究的要求，无法提供诱发滑坡的物理过程。因此，本章重点分析区域尺度降雨滑坡的物理过程，探讨浅层降雨滑坡模型的适用性，并结合前面的工作，揭示经验与物理手段在不同尺度降雨滑坡风险分析中的联合应用。

区域尺度降雨滑坡风险分析需要考虑降雨对土体物理性质的改变，斜坡失稳多数情况下是受到强降雨之后引发的，滑坡发生在土体的浅层，叫作浅层滑坡（Tsai and Yang, 2006）。这种状态下，当土体强度不能抵抗降雨入渗产生的渗透力时，坡体就会失稳。因此，浅层滑坡的风险分析要以降雨入渗评价为基础。

6.1　饱和-非饱和渗流研究

在常规降雨渗流分析中主要考虑饱和土内水的流动。然而，对于自然界中的许多边坡而言，其地表常常是非饱和的，由于降雨入渗等自然作用，在饱和与非饱和区之间通常不满足水流通量为 0 的条件，而存在连续的水流。对于边坡稳定性问题，不仅在饱和区域，且在非饱和区域，其饱和度影响都很大，因此，对边坡渗流分析时，不能仅单纯考虑饱和土的情况，而应该将饱和土与非饱和土都考虑进去。

1852～1855 年，Darcy 通过大量试验得出了线性渗流理论，这对后续渗流理论的发展奠定了坚实的理论基础（吴林高等，1996）。在其后的一段时间内，许多学者在 Darcy 的研究基础之上进行了更加深入的研究。1931 年，Richards 将 Darcy 的线性理论扩展到饱和-非饱和渗流理论的研究中，建立了 Richards 渗流控制方程，且在工程实践及其设计计算中得到了广泛的应用（Richards, 1931）。20 世纪 70 年代计算机开始广泛运用，在渗流方法的理论研究及分析方法上取得了很大的进步，这个时期多数学者开始考虑如何将饱和区与非饱和区联合进行分析，研究结果认为在饱和区的压力水头为正值，在非饱和区取负压力水头，而饱和区与非饱和区的分界面取 0 压力水头。这样计算域内不再有自由水面边界，使得计算简化，程序处理也比较容易。

6.2　区域浅层滑坡模型

针对区域滑坡灾害评估及风险分析，许多学者在饱和-非饱和渗流的基础上，提出了地下水稳定或近似稳定、地下水平行于斜坡流动的假设，从而使得浅层滑坡的研究得到了简化。20 世纪 90 年代开始，相应的水文与无限斜坡稳定性分析的滑坡耦合模型被提出，用于评价由地形、土地利用以及水文条件等因素引发的滑坡。这类模型分为稳态水文模型和瞬态水文模型两类。其中，采用稳态水文模型较有代表性的有 SHALSTAB 和 SINMAP 模型；瞬态水文模型影响最大的是 TRIGRS 模型。

6.2.1　SHALSTAB 模型

Montgomery 和 Dietrich(1994)开发了一种以等高线和栅格单元为基础的浅层滑坡稳定性评估模型(shallow landsliding stability, SHALSTAB)。该模型在假设稳定状态的降雨事件下，将土壤、植物特性和近地表水流与边坡稳定性模型结合，以坡度和比集水面积作为主要参数，同时考虑土壤深度与植物特性影响，进行边坡稳定性评估。

SHALSTAB 模型以广义摩尔库伦破坏准则(Mohr－Coulomb failure law)为基础：

$$\tau = c + (\sigma - u)\tan\phi \tag{6.1}$$

式中，τ 为土壤抗剪强度，σ 为正应力，u 为孔隙水压力，而$(\sigma - u)$为破坏时破坏面上的有效正向应力，c 为有效内聚力，ϕ 为内摩擦角，该模型为土壤内聚力与根系黏聚力的综合，在斜坡的稳定性分析中扮演着重要的角色。

Montgomery 和 Dietrich(1994)在假设条件下，将上述方程式变为

$$r_s Z\cos\theta\sin\theta = c + (r_s Z\cos^2\theta - r_w Z_w\cos^2\theta)\tan\phi \tag{6.2}$$

式(6.2)整理后为

$$\frac{Z_w}{Z} = \frac{c}{r_w Z\cos^2\theta\tan\phi} + \frac{r_s}{r_w}\left(1 - \frac{\tan\theta}{\tan\phi}\right) \tag{6.3}$$

式中，Z_w为地下水高度(m)；Z 为土壤厚度(m)；γ_s土壤重度(kN/m^3)；γ_w为水体重度(kN/m^3)；θ 为坡度(°)。

同时，Montgomery 和 Dietrich 结合土壤水文的思想，利用稳定的降雨为基础，并假设自然降雨与湿度空间分布有关联，将 Darcy 定律方程式变为

$$qa = kZ_w\cos\theta\sin\theta b \tag{6.4}$$

在饱和土壤的浅层地表下径流中，根据土壤导水系数 T 和土壤深度 Z 的关系，可将 Darcy 定律方程式转为

$$Tb\sin\theta = kZ\cos\theta\sin\theta b \tag{6.5}$$

结合式(6.4)与式(6.5)，可以得出

$$w = \frac{Z_w}{Z} = \frac{q}{T}\frac{a/b}{\sin\theta} \tag{6.6}$$

式中，Z_w为地下水位高度(m)；Z 为土壤厚度；q 为有效降雨量(mm)；T 为水力传导系数(mm/d)；a/b 为比集水面积(m)；w 为湿度指数。

将式(6.3)与式(6.6)结合，得到最终的斜坡稳定计算模型：

$$\frac{q}{T}\frac{a}{b\sin\theta} = \frac{c}{r_w Z\cos\theta\tan\phi} + \frac{r_s}{r_w}\left(1 - \frac{\tan\theta}{\tan\phi}\right) \tag{6.7}$$

式(6.7)为水文模型与无限边坡模型所结合的边坡稳定模型 SHALSTAB。为了计算方便，对模型中的临界条件简化为以下四种类型(表 6.1)。

表 6.1　边坡稳定性分析界限

类　型	条　件
无条件不稳定	$\tan\theta > \tan\phi + \frac{c}{\gamma_s Z\cos^2\theta}$
不稳定	$\frac{a}{b} \geqslant \left(\frac{T}{q}\right)\sin\theta\left[\frac{\gamma_s}{\gamma_w}\left(1-\frac{\tan\theta}{\tan\phi}\right)+\frac{c}{r_w Z\cos^2\theta\tan\phi}\right]$
稳定	$\frac{a}{b} < \left(\frac{T}{q}\right)\sin\theta\left[\frac{\gamma_s}{\gamma_w}\left(1-\frac{\tan\theta}{\tan\phi}\right)+\frac{c}{\gamma_w Z\cos^2\theta\tan\phi}\right]$
无条件稳定	$\tan\theta \leqslant \tan\phi + \frac{c}{\gamma_s Z\cos^2\theta}$

6.2.2　SINMAP 模型

Pack 等(1998)在 SHALSTAB 模型的基础上，开发了用于侵蚀地表斜坡稳定性评估的滑坡分布式 SINMAP(stability index mapping)模型。SINMAP 理论基础基于大范围斜坡稳定性模型，该模型利用稳定状态水文模型获取的地形湿度指数、栅格 DEM 获取的坡度以及有效汇水面积等数据，结合各种 GIS 专题图件及地面考察资料，采用 GIS 平台，建立定量分析模型，获得地表稳定性分级，实现对研究区域的地表稳定性评价。

SINMAP 模型中，平行于坡面且忽略其边缘作用的软弱结构面上，地表土层稳定的抗滑力与滑动力之比就是安全系数(factor of safety，FS)。SINMAP 模型通过计算每一栅格点的坡度和湿度来得到各栅格点的安全系数。由于降雨作用，

导致土壤湿度的增加，而土壤湿度又与土体的抗剪强度密切相关，所以降雨导致土体抗剪强度降低，使斜坡失稳。

考虑了动水压力后，可表示如下：

$$\mathrm{FS}=\frac{C'+\cos^2\theta\left[1-\min\left(\frac{q}{T}\frac{a}{\sin\theta},1\right)\frac{1}{r}\right]\tan\phi}{\sin\phi\left[1+\min\left(\frac{q}{T}\frac{a}{\sin\theta},1\right)\right]\cos\theta} \tag{6.8}$$

式中，$C'=C/Z\gamma_s$；$r=\gamma_s/\gamma_w$（无量纲）；C 为土壤内聚力(kPa)；γ_s 为滑坡土体容重($\mathrm{kN/m^3}$)；γ_w 为水容重($\mathrm{kN/m^3}$)；ϕ 为土壤内摩擦角(°)；Z 为滑坡体垂直厚度(m)；θ 为滑面倾角(°)；q 为有效降雨量(mm)；T 为滑坡体导水系数($\mathrm{m^2/ha}$)；a 为比集水面积(m)，它表示斜坡单元的汇水能力，由集水面积除以等高线的宽度来获得。$w=\frac{q}{T}\frac{a}{\sin\theta}$ 为饱和因子，表示滑坡体的饱水程度。

滑坡稳定性指标(stability index, SI)定义为根据稳定性系数 FS，采用概率的方法得到的滑坡在一定随机分布的参数区间内保持稳定的可能性，即

$$\mathrm{SI}=Prob,\quad FS>1 \tag{6.9}$$

令 $q/T=X$，$\tan\phi=t$，则内聚力和摩擦力的最小值 $C'_{\min}$ 和 $t_{\min}$ 及降水参数 X 的最大值 $X_{\max}$ 代表了导致斜坡失稳的最有利条件，即稳定性系数 FS 最小，如果在这种情况下，FS 的值仍大于 1，模型认为斜坡无条件稳定，SI 取值为稳定性系数的最小确定值，即

$$\mathrm{SI}=\mathrm{FS}_{\min}=\frac{C'_{\min}+\left[1-\min\left(X_{\max}\frac{a}{\sin\theta},1\right)\cos^2\theta\cdot t_{\min}\right]}{\left[1+\min\left(X_{\max}\frac{a}{\sin\theta},1\right)\right]\cos\theta\cdot\sin\theta} \tag{6.10}$$

如果稳定性系数小于 1，说明斜坡有可能失稳，这是由于参数的空间的不确定性而导致斜坡稳定性在空间上的概率分布。同时，有效降雨量参数 q 随着时间而发生变化，因此参数 X 还具有时间上的不确定性。斜坡稳定的最有利条件为 $C'_{\max}$，$t_{\max}$，$X_{\min}$，在这种情况下，如果 $\mathrm{FS}_{\max}$ 仍然小于 1，那么 SI=Prob(FS>1)=0，即斜坡无条件失稳，SI 的值与斜坡稳定情况的对应见表 6.2。

表 6.2　稳定性分级

稳定性分级	稳定性指数	预测状况
1	SI>1.5	极稳定区
2	1.25<SI<1.5	稳定区
3	1.0<SI<1.25	基本稳定区

续 表

稳定性分级	稳定性指数	预测状况
4	0.5<SI<1.0	潜在不稳定区
5	0<SI<0.5	不稳定区
6	SI=0	极不稳定区

6.2.3 TRIGRS模型

SHALSTAB与SINMAP模型属于稳态水文模型，利用它们得到的边坡安全性因子FS只是反映了某个降雨时段的边坡平均稳定性状态；并不能反映边坡安全因子FS与时间、降雨强度的动态变化关系，与前面研究的动态的经验模型(降雨强度阈值随时间的变化关系)不能相互结合，因此这两个模型不适用本书中的研究目的。

TRIGRS(tansient rainfall infiltration and grid-based slope-stability model)模型主要是针对降雨历程中及降雨过后，因为入渗所引起边坡土层内不同深度的孔隙水压变化所对应的边坡安全因子变化的模拟。降雨入渗的机理来自Iverson(2000)的研究构想，而USGS将该机理改进到可以处理更复杂的降雨事件中、更复杂的边界条件及一个简易的降雨与径流演算机制。TRIGRS模型共包括三个部分：入渗模拟、入渗与地表径流模拟以及边坡稳定性分析。

1. 入渗模拟

本部分主要来自Iverson(2000)对理查方程(Richard's Equation)的线性解，再加上USGS的延伸。Iverson(2000)的模型只是需要3个参数预测瞬时压力的大小和时间：降雨强度、持续时间和土壤水力扩散系数。为应对各种降雨强度和持续时间的情况，Baum等(2002)归纳出了土壤渗流模拟公式：

$$\varphi(Z,t)=[Z-d]\beta+2\sum_{n=1}^{N}\frac{I_{nZ}}{K_Z}\left\{H(t-t_n)[D_1(t-t_n)]^{\frac{1}{2}}\mathrm{ierfc}\left[\frac{Z}{2[D_1(t-t_n)]^{\frac{1}{2}}}\right]\right\}$$
$$-2\sum_{n=1}^{N}\frac{I_{nZ}}{K_Z}\left\{H(t-t_{n+1})[D_1(t-t_{n+1})]^{\frac{1}{2}}\mathrm{ierfc}\left[\frac{Z}{2[D_1(t-t_{n+1})]^{\frac{1}{2}}}\right]\right\} \tag{6.11}$$

$$\mathrm{ierfc}(\eta)=\frac{1}{\sqrt{\pi}}\exp(-\eta^2)-\eta\,\mathrm{erfc}(\eta) \tag{6.12}$$

式中，φ代表地下水的压力水头，t代表时间，$Z=z/\cos\alpha$，z代表垂直于坡面且方向朝下的坐标，Z代表垂直于水平面且方向朝下的坐标，α则代表坡面的坡度，d代表

z 轴方向稳定状况的地下水深，$\beta=\lambda\cos\alpha$，其中 $\lambda=\cos\alpha-[I_z/K_z]_{\mathrm{LT}}$；$K_z$ 代表 Z 轴方向的水力传导度，I_z 代表稳定状态下的地表起始入渗量，I_{nz} 则代表特定时间间距 n 中某一特定降雨强度的地表入渗量。公式中的下标 LT 代表长延时，$D_1=D_0\cos^2\alpha$，D_0 代表饱和水力传导度，N 代表模拟的总时间间距数，$H(t-t_n)$ 则表示 Heavyside 步进函数。式(6.11)等号右边的第一项代表理查方程式线性解的稳定项，而等号右边其余的项则代表过渡项；式(6.12)中 $\mathrm{erfc}(\eta)$ 为互补误差函数。

为解决边坡地表下有限深度范围内可能出现不透水层的边界问题，TRIGRS 模式将该特定有限深度遇不透水层边界的解由式(6.13)表示：

$$\begin{aligned}
\varphi(Z,t)=&[Z-d]\beta\\
&+2\sum_{n=1}^{N}\frac{I_{nZ}}{K_Z}H(t-t_n)\left[D_1(t-t_n)\right]^{\frac{1}{2}}\\
&\sum_{m=1}^{\infty}\left\{\mathrm{ierfc}\left[\frac{(2m-1)d_{\mathrm{LZ}}-(d_{\mathrm{LZ}}-Z)}{2\left[D_1(t-t_n)\right]^{\frac{1}{2}}}\right]\right.\\
&\left.+\mathrm{ierfc}\left[\frac{(2m-1)d_{\mathrm{LZ}}+(d_{\mathrm{LZ}}-Z)}{2\left[D_1(t-t_n)\right]^{\frac{1}{2}}}\right]\right\}\\
&-2\sum_{n=1}^{N}\frac{I_{nZ}}{K_Z}H(t-t_{n+1})\left[D_1(t-t_{n+1})\right]^{\frac{1}{2}}\\
&\sum_{m=1}^{\infty}\left\{\mathrm{ierfc}\left[\frac{(2m-1)d_{\mathrm{LZ}}-(d_{\mathrm{LZ}}-Z)}{2\left[D_1(t-t_{n+1})\right]^{\frac{1}{2}}}\right]\right.\\
&\left.+\mathrm{ierfc}\left[\frac{(2m-1)d_{\mathrm{LZ}}+(d_{\mathrm{LZ}}-Z)}{2\left[D_1(t-t_{n+1})\right]^{\frac{1}{2}}}\right]\right\}
\end{aligned}\tag{6.13}$$

式中，除了 d_{LZ} 代表不透水层于 Z 轴方向的深度，其余各项与式(6.11)与式(6.12)各参数的定义相同。

2. 入渗与地表径流模拟

TRIGRS 模型以一种简单的方式，将超渗降雨在栅格 DEM 中表示为所产生的地表径流自一网格运移到邻近的网格。当地表径流流到新网格时，地表径流可以依该网格当时的含水量，判断是向地表下入渗还是继续向下游网格前进。TRIGRS 模型假设当降雨量加上来自邻近网格的地表径流量总和超过该网格的入渗容量时，该网格随即发生地表径流。因此，运算区内每一网格的饱和水力传导度被看作等于该网格的入渗容量(Iverson, 2000)。

每一个网格的入渗量计算如下：

$$I=P+R_u\leqslant K_s\tag{6.14}$$

式中，I 为土壤入渗率；P 为单位时间降雨量；R_u 来自上游相邻网格的单位时间地表径流深度；K_s 为土壤饱和水力传导度。

当网格的入渗量超过该网格的饱和水力传导度时，则超过的量将被视为是地表径流量 R_d。

$$R_d = P + R_u - K_s, \quad K_s \geqslant 0 \tag{6.15}$$

式中，R_d 为运往下个相邻网格的单位时间地表径流深度。

TRIGRS 模型假设当地表径流发生时，相邻的网格将同时发生地表径流，因此所使用的降雨时间需要有足够长的时间，以便地表径流顺利流到邻近网格中。当进行模型运算时，TRIGRS 模型强制让每一个运算时间间隔内区域内达到质量守恒。因此，凡是无法在目前时间间隔内入渗的降雨，将以地表径流的方式流到区域的边界或是区域内任一的低洼处。

3. 边坡稳定性分析

TRIGRS 模型中的边坡稳定性分析部分采用无限斜坡稳定性理论及前面两步的理论，进行栅格图像的安全系数计算，计算公式为式(6.16)所示。

$$\mathrm{FS} = \frac{\tan \phi}{\tan \alpha} + \frac{c - \varphi(Z,\ t)\gamma_w \tan \varphi}{\gamma_s Z \sin \alpha \cos \alpha} \tag{6.16}$$

式中，FS 为安全系数(FS≥0)，当 FS<1 代表边坡失稳。c 为土壤黏结力；ϕ 为土壤摩擦角；γ_w 为地下水单位容重；γ_s 为土壤单位容重；Z 为土壤深度；$\varphi(Z,\ t)$ 代表深度 Z 在 t 时刻的压力水头。

TRIGRS 属于瞬时浅层滑坡，较 SHALSTAB 与 SINMAP 考虑的因子多，可以用来分析某个降雨时段区域滑坡风险变化，应用较为广泛，但也存在某些局限。

① 假设边坡处于饱和或近饱和状态，与实际有时情况不符；② 由于模型是基于入渗方程的解析解构建的，分析结果对边界条件较敏感，尤其是初始地下水位、渗透系数和水力扩散率等参数对结果影响很大；③ 由于 Iverson 线性解中假设入渗能力等于饱和渗透系数，高估了入渗率，因而使计算得到的压力水头高于实际状态(孙金山等，2012)。

由于 TRIGRS 模型选取的参数较多，多数参数的获取脱离了 RS 与 GIS 的研究范畴，模型运算较为复杂，不适合与前面得到的理论相结合。

6.2.4 SLIDE 模型

上述的三个模型，阐述了引起降雨滑坡产生的机理问题。由于降雨的入渗，造成了坡体渗流场的改变，孔隙水压及渗流压力(F)增大，土壤基质吸力及抗剪强度(T)减小。当渗流压力(F)大于抗剪强度(T)时，滑坡产生(图 6.1)。N 为滑动面有效作用力，t_n为降雨入渗的时间，n 为时间间隔，H 为坡体的土壤厚度，H_{sat}为坡体饱和层的厚度，α 为坡角。

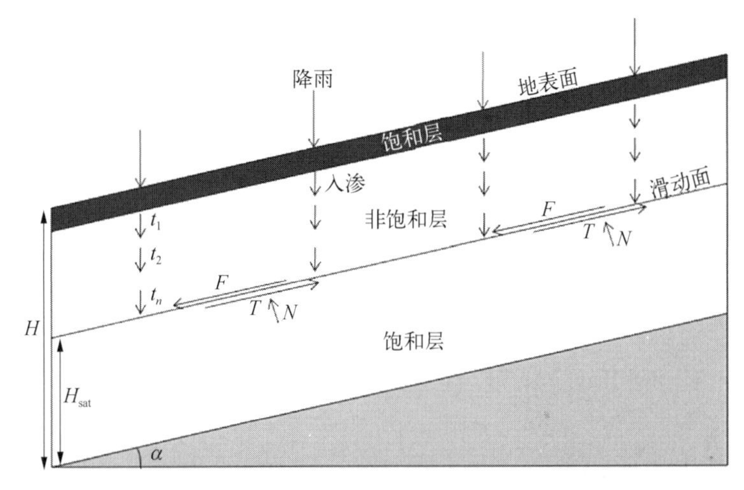

图 6.1　SLIDE 模型中描述的滑坡过程

SLIDE(slope infiltration distribution equilibrium)模型是由 TRIGRS 模型中求算斜坡稳定性的公式演变而来(Liao et al.，2012)，计算公式如下：

$$FS = \frac{\tan\phi}{\tan\alpha} + \frac{c + c(t)}{\gamma_s Z_t \sin\alpha\cos\alpha} \tag{6.17}$$

式(6.17)与式(6.16)相比，有两处发生了变化。其中，Z_t为时间 t 的入渗深度；$c(t)$为 t 时刻土壤表层的黏结力，与土壤基质吸力正相关(与土壤孔隙水压力负相关)，该参数是土壤饱和度的函数(Montrasio and Valentino，2008)：

$$c(t) = A \cdot S_r \cdot (1 - S_r)^{\lambda}\ (1 - m_t)^{\partial} \tag{6.18}$$

式中，A 为土壤类型参数，与斜坡失稳时最大的抗剪强度有关，S_r为土壤饱和度，λ与∂为土壤黏结力最大值的相关参数(Montrasio and Valentino，2008)，m_t是一个指示随降雨入渗土壤厚度变化的无量纲值，介于 0～1。

$$m_t = \frac{\sum_{t=1}^{T} I_t}{n \cdot Z_t \cdot (1 - S_r)} \tag{6.19}$$

式中，I_t为时间 t 的降雨量，n 为土壤孔隙度，Z_t由饱和入渗公式计算得到(芮孝芳，2004)

$$Z_t = \sqrt{\frac{2 \cdot K_s \cdot H_c \cdot t}{\theta_n - \theta_0}} \tag{6.20}$$

式中，K_s为土壤饱和层水力传导度，H_c为土壤毛管力，θ_0为土壤初始水含量，θ_n为饱和土壤水含量。由图 6.1 所示，当降雨落到土壤表层时（特别是强降雨时），SLIDE 模型将土壤表层看成一个饱和层，由饱和层水分下渗满足饱和土壤下渗模式，这也是式(6.20)成立的前提条件。

SLIDE 模型是 TRIGRS 模型的简化形式，考虑降雨入渗的理想状态，将 TRIGRS 模型中最难求算的压力水头部分通过与土壤黏结力之间的关系来替代，并吸收了 Montrasio 等的工作。该模型可以在较少因子输入的基础上，快速准确地获取边坡的安全系数(FS)；另外，其输入因子中坡角、降雨量可以通过遥感数据获取，土壤因子可以通过经验公式得到。因此，本章的后面将重点讨论该模型的应用以及与经验模型结合的价值。

6.3　SLIDE 模型在理县滑坡风险分析中的应用

6.3.1　Ma - SLIDE

SLIDE 模型中的输入因子包括：坡度、土壤类型因子（摩擦角、饱和水力传导度、土壤毛管力、土壤孔隙度等）、土壤黏结力、土壤水含量、降雨量等，这些因子在模型中以矩阵运算的形式进行表达，最终输出 FS 的栅格图像。因此，本书根据 SLIDE 模型的公式，基于 MATLAB 2012b 版本的 GUI 功能，开发了 Ma - SLIDE 可视化软件版本（图 6.2）。软件菜单栏包括 4 个功能：Internal Factors（内部因子）、External Factors（外部因子）、FS Caculation（FS 计算）、Help（帮助）。其中，内部因子包括 Slope Angle（坡角）、Soil Type（土壤类型）以及 Land Cover（土地覆被）的显示；外部因子则是 Rainfall（降雨量）。图 6.2 中显示了坡角的矩阵栅格表达形式，蓝色到红色表示坡角不断增大。

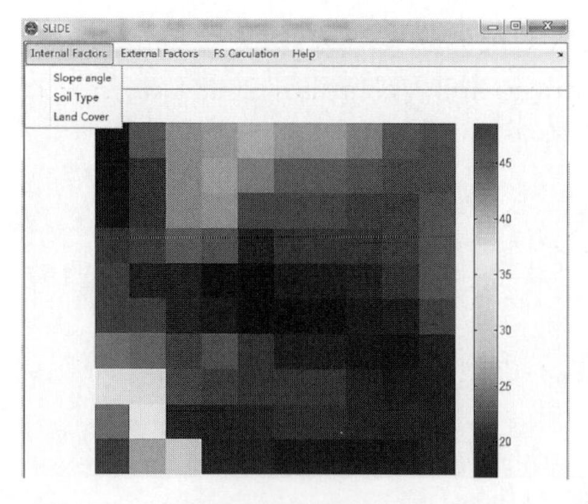

图 6.2　Ma - SLIDE 软件界面（后附彩图）

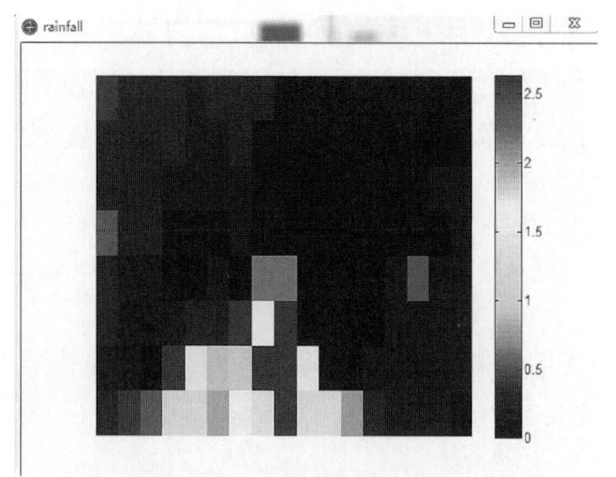

图 6.3　Rainfall 数据矩阵栅格表达形式（后附彩图）

图6.3中显示了Rainfall的矩阵栅格表达形式，mm；蓝色到红色的降雨量不断增大。

在FS Caculation中(图6.4)，目的是计算安全因子FS。该模块包括：Internal Factors(内部因子)、External Factors(外部因子)、土壤及时间参数输入以及Output(输出)、Run(运行)。当运行成功后，显示消息框"It is completed!"。该模块最终以"*.txt"文件的形式将每个时段每个栅格点的FS记录下来。

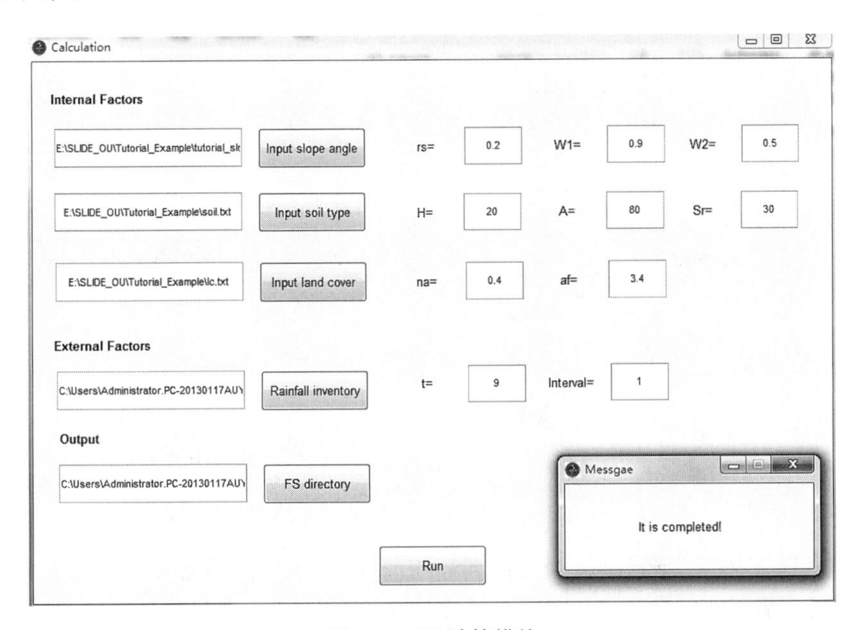

图6.4　FS计算模块

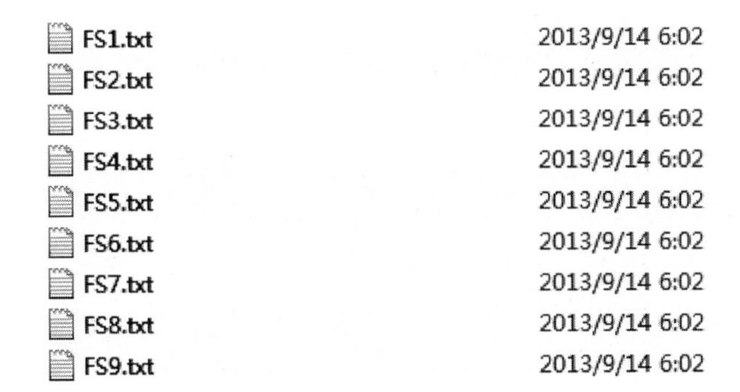

图6.5　FS解算结果

菜单栏中的Help是SLIDE模型的原理及该软件的具体使用情况。

6.3.2　理县概况

理县位于四川省阿坝州境内东南部，地处 30°54′～31°12′N，102°33′～103°30′E。东临汶川，西南连小金，西接马尔康，北依黑水（图 6.6）。县境东西长 83 km，南北宽 78.2 km，南北宽 87.2 km，地跨岷江上游支流杂谷脑河两岸。境内多高山，地形蜿蜒起伏，地表由西北向东南降低，山峰海拔高度多在 4 000 m 以上。

图 6.6　理县地理位置（来自国家测绘与地理信息局）

理县属亚热带季风气候，受西伯利亚西风气流、印度洋暖流和太平洋东南季风三个环流的影响，形成季风气候。冬季受青藏高原的北方冷气流的影响降水稀少，日照强烈，晴朗多大风；五六月份西南季风加强，气温暖湿，降水增多，形成雨季；七八月份青藏高压稳定，副热带高压西伸，降水减少，形成伏旱；九十月份雨量增加，形成低温降雨季节。气温年较差小，日较差大，多年平均气温为 11.4℃，变幅在 10.5～12℃。

理县与汶川相邻，同处在龙门山断裂带上，“5.12”汶川地震后引发了当地许多山坡发生了滑坡事件（Yin et al.，2009）。例如，2008 年 5 月 17 日，受汶川地震余震的影响，理县 317 国道旁边突发山体滑坡，山上腾起巨大的浓雾团，大量沙石滚下，往汶川方向去的人们弃车逃离；2010 年 6 月 27 日下午 4 点 40 分，理县上孟乡木尼村发生山体滑坡，造成 3 人失踪；2012 年 7 月 26 日早上国道 317 线理县薛城乡的路段由于强降雨发生山体滑坡，导致了 317 线理县到汶川的交通完全中断，数百辆车受阻。熊德清（2009）根据汶川地震诱发的地质灾害应急排查点以及理县的地形、地貌、降雨、植被等因子，绘出了理县地质灾害危险性等级分布图（图 6.7）。可以看出，理县的滑坡等地质灾害主要集中在东部、东南部地区。

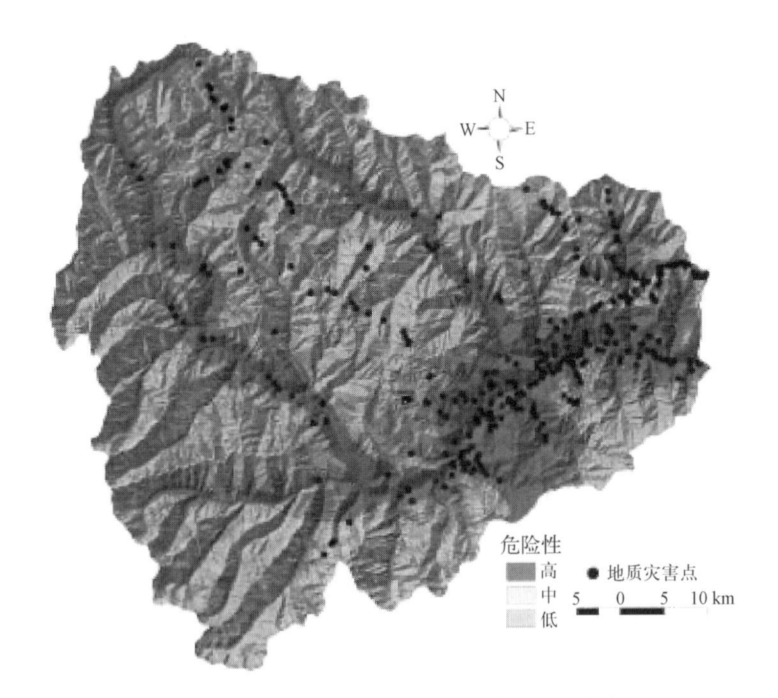

图6.7　理县地质灾害危险性等级分布图(后附彩图)

资料来源：熊德清，2009

理县是西南地区滑坡发生的重要区域；因此，我们选择该地区作为研究区域，讨论SLIDE模型在区域滑坡灾害风险分析中的重要作用。

6.3.3　试验分析

1. 数据获取

由上述SLIDE模型原理可知，模型的输入参数来自5个滑坡因子：地形、土壤类型、土地利用、土壤水含量以及降雨量。其中，地形决定坡角；土壤类型决定土壤饱和度、摩擦角、饱和水力传导度、土壤毛管力、土壤孔隙度等土壤机理因素；土地利用决定了土壤表面初始黏结力。这5个因子可以分别通过RS的手段来获取。

(1) 地形因子获取。

地形因子来自数字高程模型(DEM)，本书由于是县级尺度，选择30 m空间分辨率的ASTER DEM数据，即先进星载热发射和反射辐射仪全球高程模型。该数据是根据NASA的新一代对地观测卫星Terra的详尽观测结果制作完成的。

(2) 土壤类型因子获取。

土壤类型中的土壤饱和度以及单位土壤容重数据来自联合国粮农组织(Food and Agriculture Organization of the United Nations, FAO)统计的数据。其他土壤因子的数据(摩擦角、饱和水力传导度、土壤毛管力、土壤孔隙度等),根据NASA制定的16种土壤类型标准以及实地考察得到。

(3) 土地利用因子获取。

土地利用数据来自TM影像的监督分类,根据Liao等(2012)提出的土地利用与土壤黏结力之间的对应关系获得研究区土壤表层的黏结力。

(4) 土壤水含量因子获取。

土壤水含量来自NASA AMSR-E传感器获取的土壤水含量反演产品(http://www.falw.vu/~jeur/lprm/)。在本书中,模型中土壤水含量的最低值来自干燥季节的土壤初始水含量,最高值来自潮湿季节土壤饱和水含量。

(5) 降雨量因子获取。

降雨量数据还是来自NASA的TRMM 3B42 V7产品,时间分辨率为3 h,空间分辨率0.25°×0.25°(该数据第4章有详细介绍)。

根据以上RS技术获取的土壤表层数据,并结合研究区的实地考察情况,得到模型的具体输入数值,见表6.3。这些参数中有单一的数值、有一维的数组、有二维的栅格数据。

表6.3 SLIDE模型输入参数

参数			数值	数据源
名称	符号	单位		
时间	t	s	变量(一维)	TRMM数据时间
降雨量	I_t	mm	变量(二维)	TRMM 3B42 V7降雨产品
坡角	α	(°)	变量(二维)	ASTER DEM
摩擦角	φ	(°)	变量(二维)	土壤类型与实地结合
土壤类型	1~16	无量纲	变量(二维)	土壤类型
土壤类型参数	A	无量纲	100	Montrasia et al. (2008)
土壤黏结力	c	kPa	变量(二维)	土地利用相关性
土壤黏结力相关参数	λ, ∂	无量纲	0.4,3.4	Montrasia et al. (2008)
土壤容重	r_s	无量纲	12.5	土壤类型
土壤孔隙度	n	无量纲	0.4	土壤类型与实地结合
土壤水含量	θ_0, θ_n	无量纲	0.4,0.9	AMSR-E土壤水含量产品
土壤饱和度	S_r	无量纲	0.4	土壤类型
饱和水力传导度	K_s	m/s	变量(二维)	土壤类型与实地结合
土壤毛管力	H_c	m	500	土壤类型与实地结合

2. 结果分析

本书以2011年的7月6日,理县境内降雨引发的滑坡事件为例,来进行试验分析。2011年7月6日，理县境内由于连日的强降雨，县乡公路多处发生山体滑坡及泥石流灾害，导致交通中断，损失严重。本书收集了2011年7月5日上午6时至2011年7月6日下午21时的降雨数据，将它们累加，得到每3 h的降雨量。采用前面介绍的Ma-SLIDE软件，将上述的参数输入模型中得到了每3 h的FS数值。图6.8中的底图是理县30 m的DEM，红色部分表示当FS<1时(斜坡不稳定)的区域。SLIDE模型预测，当2011年7月6日上午6时开始，理县小部分地区有滑坡产生，到上午9时东边部分道路周边山体出现不稳定，到中午12时不稳定区域增加，到下午3时不稳定区域达到最大。黄色的点为实地考察得到的地质灾害点，多数灾害点分布在理县的东部及公路的两侧；且与模型预测的滑坡区域相吻合。

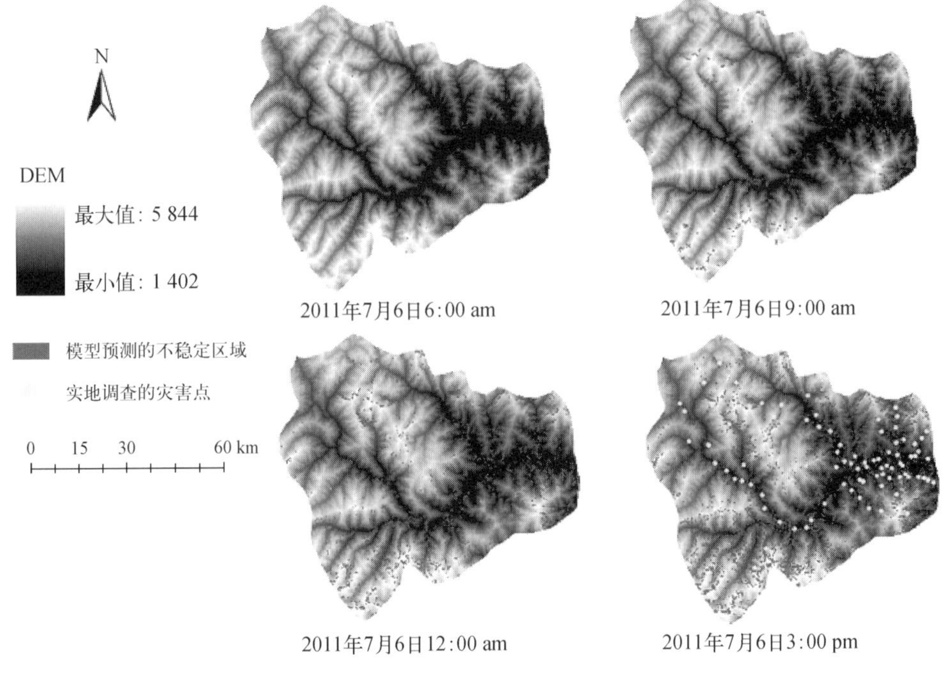

图6.8　通过SLIDE模型计算得到的理县4个时段的不稳定区域(后附彩图)

6.4　经验与物理模型相结合的降雨滑坡风险分析

6.4.1　基本原理

滑坡风险分析的核心是选择合理的分析模型，前面章节中分别介绍了基于因子辨识的滑坡经验模型以及基于浅层滑坡机理因子的滑坡物理模型。其中，经验模型用在了中国尺度的滑坡风险分析中，通过经验模型可以得到滑坡敏感性及危险性等级分布图，定性地指出滑坡的是与否。此外，将时间与降雨强度结合起来，能够定性地预测降雨滑坡发生的分布。物理模型用在了区域降雨滑坡的风险分析中，通过滑坡机理因子的结合，定量地得到了斜坡安全系数随时间及降雨量的变化情况。经验模型与物理模型的研究尺度与侧重点不同，将二者结合可以在不同尺度上揭示滑坡的定性与定量的变化情况，形成一体化的滑坡风险分析。

图 6.9 显示了经验模型与物理模型相结合的降雨滑坡风险分析流程。首先，通过经验模型得到了中国降雨滑坡的主要分布，判断得出重点区域的滑坡分布；其次，将该结果与滑坡物理模型相结合，得出区域内降雨滑坡的时空风险分布；最终，实现不同尺度滑坡的定性与定量风险分析。

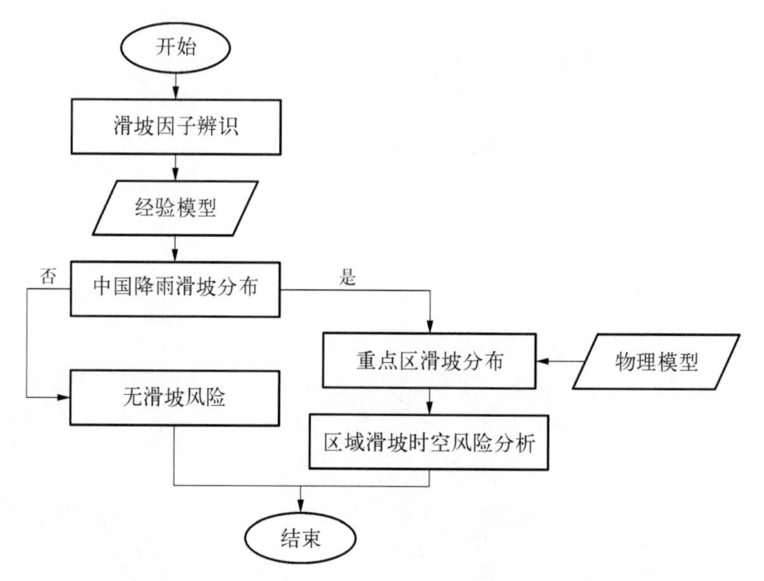

图 6.9　经验与物理模型相结合的降雨滑坡风险分析流程图

6.4.2　实例分析

1. 经验模型分析部分

由 5.2.3 节的分析可知，中国降雨滑坡主要集中在西南地区、秦岭-淮河以南地区、华南地区以及东南沿海等地区。我们在这些地区，分别在西南、中部、华南地区选择 3 个典型降雨滑坡事件，来进一步分析。

事件 1 为 2010 年 6 月 28 日发生在贵州关岭的滑坡；事件 2 为 2011 年 9 月 17 日发生在陕西省西安市灞桥区的滑坡；事件 3 为 2010 年 9 月 21 日发生

在广东省高州市、信宜市交界地区的滑坡。前言中有对这3起滑坡事件的具体描述。图6.10描述这3起典型降雨滑坡的分布位置，图(a)为关岭滑坡分布在中国的西南地区；图(b)为广东地区滑坡，位于华南地区；图(c)为灞桥滑坡，位于中部地区；图(d)为前面得到的中国降雨滑坡危险性等级分布图，1到5级，5级为最高级，用红色表示。这3起滑坡都发生在危险性等级较高的地区。

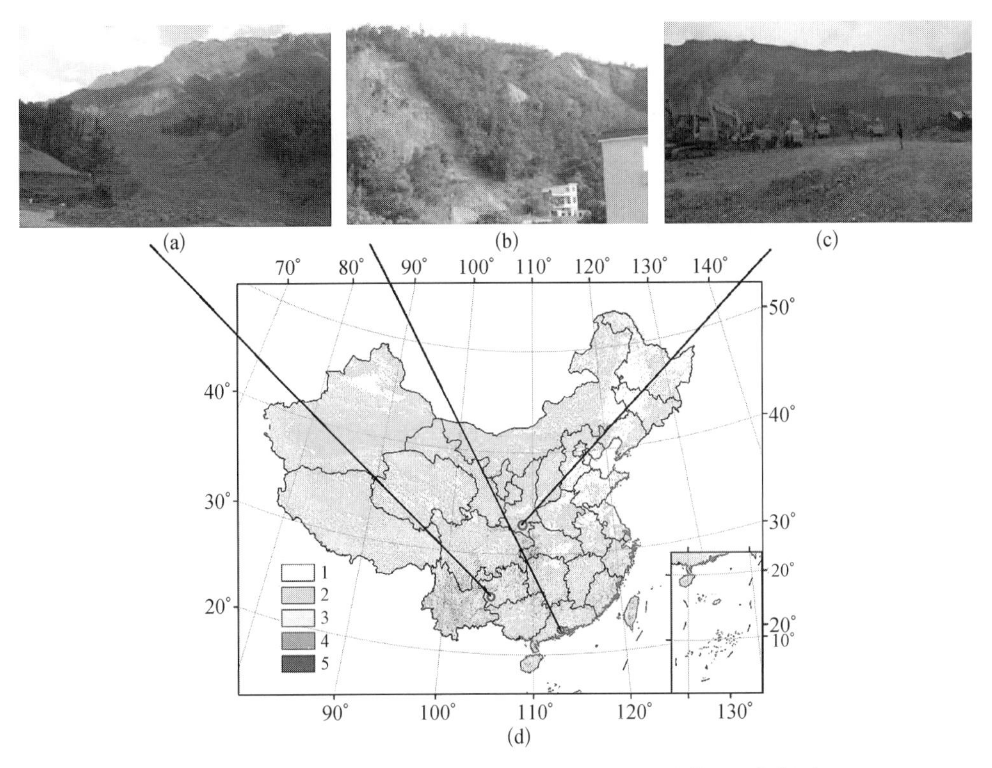

图6.10　分布在降雨滑坡集中区的3起降雨滑坡事件(后附彩图)

本书收集了这3个时间段的TRMM 3B42 V7数据，分别统计了这3个地区在滑坡产生的2 d内总的降雨量(图6.11)。其中，图6.11(a)表示的是贵州关岭滑坡所在的区域，2 d内降雨量最大为188.72 mm；图6.11(b)表示的是广东地区滑坡所在的区域，2 d内降雨量最大为416.16 mm；灞桥滑坡所在的区域2 d内最大降雨量为192.26 mm[图6.11(c)][(a)，(b)，(c)编号分别代表3个典型滑坡事件，后面出现的编号与其相一致]。

根据降雨危险性等级图以及某个时段的降雨量，可以定性地知道那些区域极容易产生滑坡风险，但却无法获知滑坡的具体发生时刻，这就需要引入滑坡物理模型评估的思想。

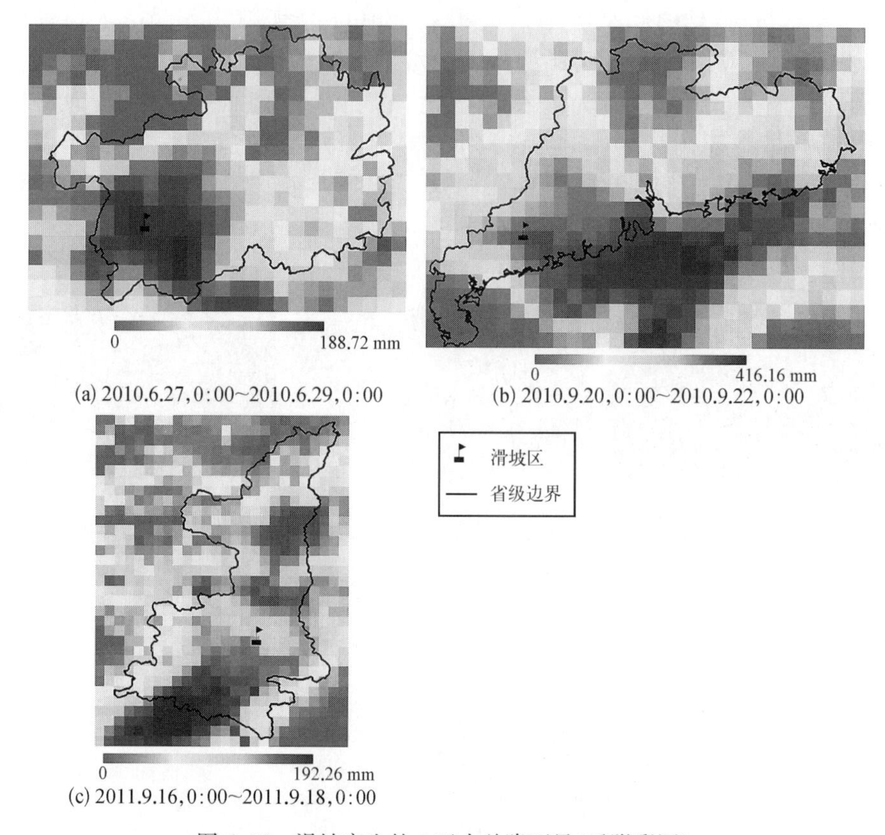

图 6.11　滑坡产生的 2 天内总降雨量(后附彩图)

2. 物理模型分析部分

利用经验模型可以获知滑坡的主要分布，却无法得到滑坡的准确发生时间，因此，需要进一步考虑滑坡的机理因素。物理模型选择前面阐述的 SLIDE 模型，参数根据前面部分介绍的选取原则，并结合实地考察得到(表 6.4)。由于这 3 处滑坡所在的位置，土地覆被都是裸地，所以土壤黏结力只与土壤类型有关。从表 6.4 中可以看出，由于研究中将这 3 起滑坡考虑为单体滑坡，除了时间与降雨是变量，其余参数为常量，这样就大大简化了计算的过程。将这些参数代入到 SLIDE 模型中，得到这 3 起滑坡事件每 3 h FS 的数值变化(图 6.12～图 6.14)。

图 6.12 显示了关岭滑坡的降雨强度、降雨量以及通过 SLIDE 模型预测得到的 FS 变化曲线。从 2010 年 6 月 27 日上午 9 时开始，关岭地区有降雨产生，当到下午 21 时，降雨强度达到最大为 11.5 mm/h。到 6 月 28 日中午 12 时左右，这个时间 SLIDE 模型计算得到的 FS 开始小于 1，斜坡出现不稳定，这与实际发生滑坡的时间 6 月 28 日下午 2 时左右基本吻合(图中圆圈位置，由于 TRMM 降雨数

表6.4 3处典型降雨滑坡的SLIDE模型输入参数

参数			滑坡事件		
名称	符号	单位	(a)	(b)	(c)
经纬度	LAT，LON	(°)	25.941 10°N，105.295 69°E	22.211 39°N，111.370 89°E	34.284 89°N，109.140 75°E
时间	t	s	变量(一维)	变量(一维)	变量(一维)
降雨量	I_t	mm	变量(二维)	变量(二维)	变量(二维)
坡角	α	(°)	30	26	30
土壤类型	1～16	无量纲	11	12	14
土壤类型参数	A	无量纲	80	100	40
摩擦角	φ	(°)	25	22	28
土壤黏结力	c	kPa	8	10	13
土壤黏结力相关参数	λ,	无量纲	0.4,3.4	0.4,3.4	0.4,3.4
土壤容重	r_s	kN/m^3	12.5	12.5	13.8
土壤孔隙度	n	无量纲	0.40	0.40	0.35
土壤水含量	θ_0，θ_n	无量纲	0.4,0.9	0.4,0.9	0.6,0.9
土壤饱和度	S_r	无量纲	0.19	0.39	0.90
饱和水力传导度	K_s	m/s	2.1×10^{-6}	1.8×10^{-5}	1.8×10^{-5}
土壤毛管力	H_c	m	500	500	400

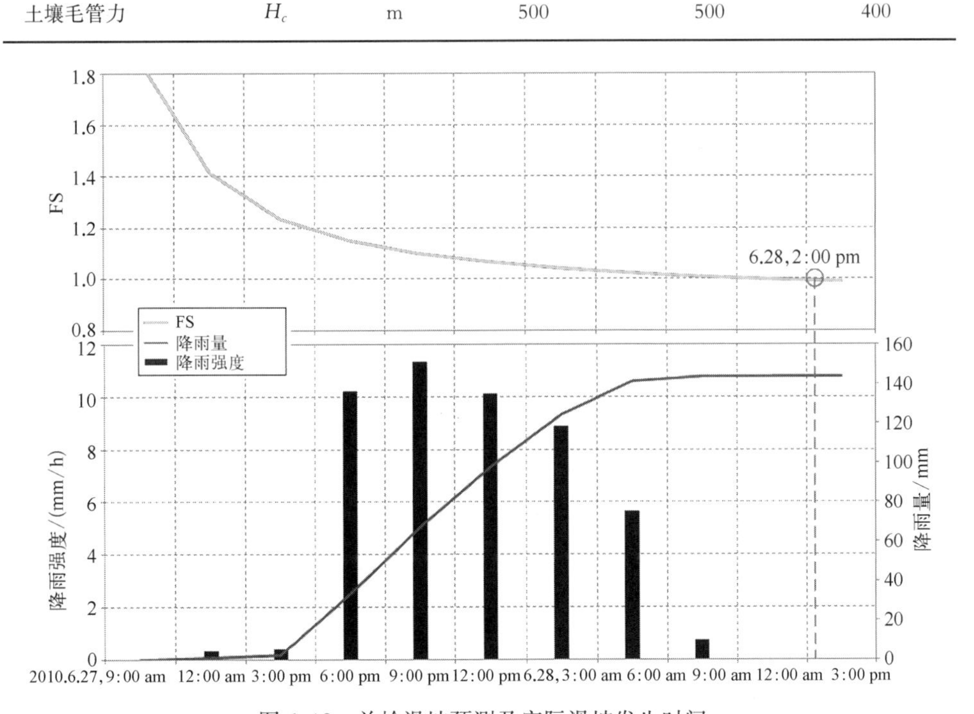

图6.12 关岭滑坡预测及实际滑坡发生时间

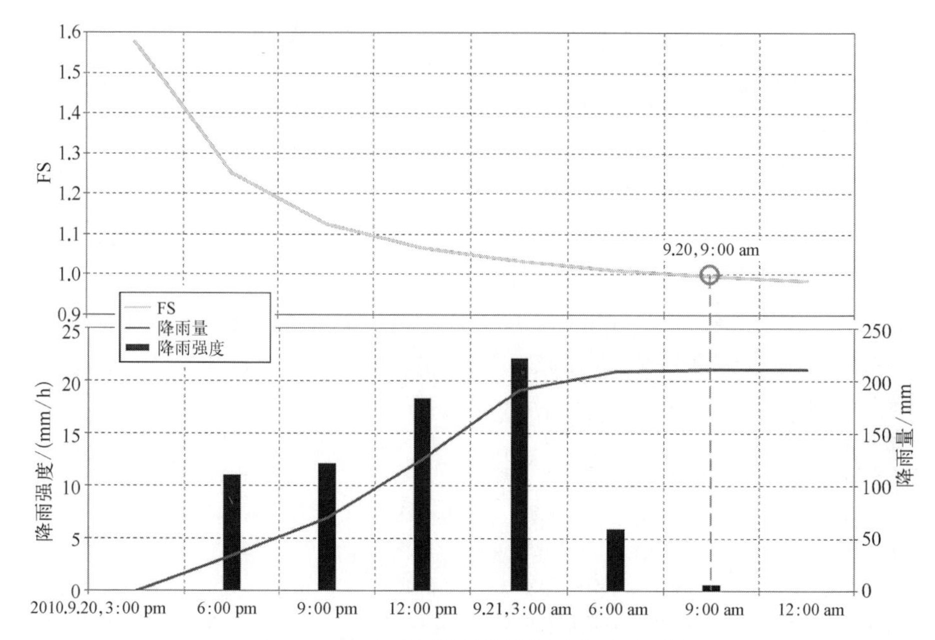

图 6.13　广东地区滑坡预测及实际发生时间

据的时间分辨率为 3 h,考虑结果会有 3 h 前后的误差)。

同样道理,我们得到另外两处滑坡的降雨强度、降雨量以及通过 SLIDE 模型预测得到的 FS 变化曲线(图 6.13 和图 6.14)。其中,广东地区 2010 年 9 月 20 日的滑坡由于受到“凡亚比”台风的影响,降雨强度较大,在降雨进行到 15 h 左右后,滑坡产生,此时 SLIDE 模型计算的 FS 也同时小于 1。

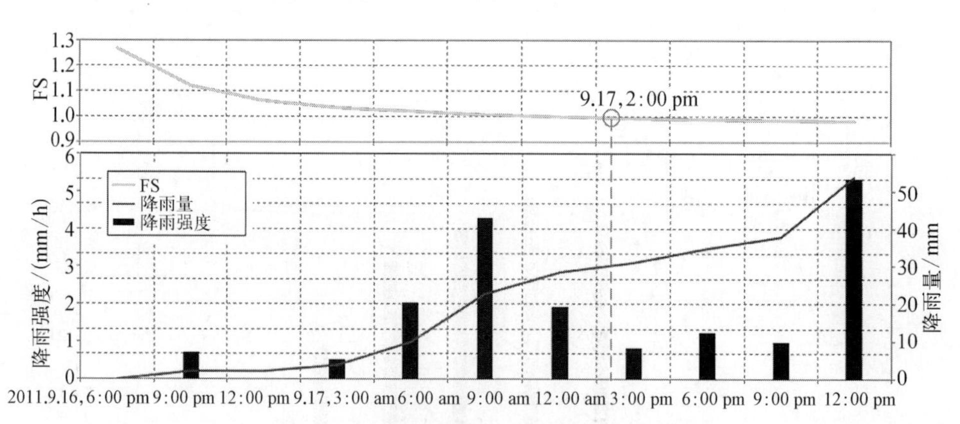

图 6.14　灞桥滑坡预测及实际发生时间

灞桥滑坡发生在陕西南部,土壤类型为黄土,属于典型的黄土滑坡。该起滑坡的降雨强度及降雨量明显小于前两起滑坡事件。这主要是因为黄土结构松散,抗剪强度低,使得引发滑坡的降雨阈值变低。SLIDE 模型预测在 2011 年 9 月 17 日上午 12 时左右会产生滑坡威胁,实际发生滑坡的时间在 2011 年 9 月 17 日下午 2 时左右。这个结果也达到了 3 h 误差内的要求。

利用滑坡经验与物理模型相结合,可以从时空不同尺度对滑坡进行风险分析。通过经验模型得到了降雨滑坡重点区域的危险性等级分布;在经验模型得到的空间分布中,采用滑坡物理模型,可以揭示滑坡的具体发生时间,实现了降雨滑坡风险研究中的时空尺度整合。

6.5　滑坡时间与降雨量临界值之间的关系

将式(6.18)～式(6.20)代入式(6.17)中,整理得到式(6.21):

$$FS(Z,\ t)=\frac{t^{-\frac{1}{2}}}{\sin\alpha\cos\alpha}\cdot\left[k_1+k_2\cdot\left(k_3\cdot t^{\frac{1}{2}}-\sum_{t=1}^{T}I_t\right)^{\partial}\cdot t^{-\frac{\partial}{2}}+k_4\cdot t^{\frac{1}{2}}\cdot\cos^2\alpha\right]\tag{6.21}$$

式中,k_1, k_2, k_3及 k_4为与土壤类型有关的参数。这样可以提出一种假设,当土壤类型一定时,k_1, k_2, k_3及 k_4变为常数,FS 只与时间 t、坡角 α 及降雨量 I_t有关。当时间与降雨一定时,可以得到坡角与 FS 之间的关系;当坡度一定时,可以得到时间、降雨量与 FS 之间的关系。

还是以 6.5 节中的 3 起滑坡事件为例,6.5 节中表 6.4 列出了 SLIDE 模型需要输入的参数。其中只有时间 t 与降雨量 I_t为变量,其余值为常量。我们可以利用简化后的式(6.21)及上面提到的假设,得到 3 起滑坡时间、降雨量与 FS 之间的关系(图 6.15～图 6.17),图中描绘了当 FS=1 时,滑坡时间与降雨量之间的关系。图 6.15 中的曲线部分为降雨量在不同时间的滑坡临界值,当降雨量的值在曲线之

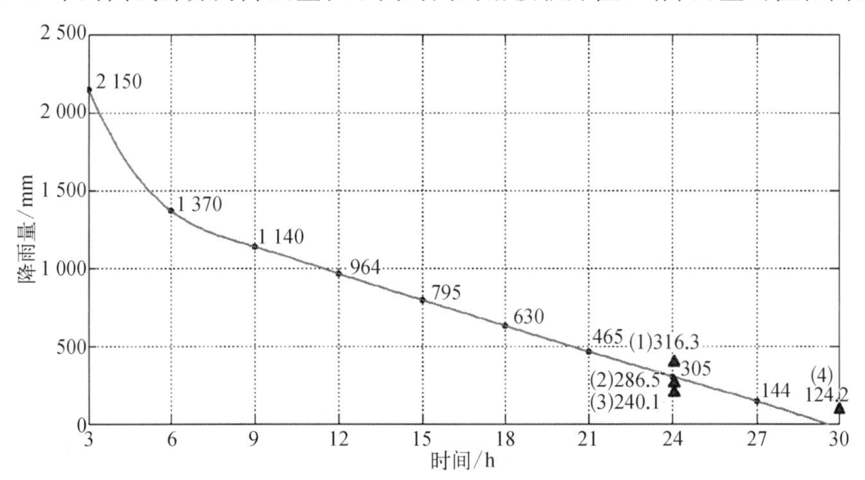

图 6.15　关岭滑坡中时间与降雨量临界值(FS=1)之间的关系

上时，则预示该时段会产生降雨滑坡。其中 3 h 为 2 150 mm，6 h 为 1 370 mm，该曲线接近 30 h，降雨量的临界值趋近于 0。同理，可以得到广东地区及灞桥地区滑坡的时间与降雨临界值之间的关系（图 6. 16 和图 6. 17）。

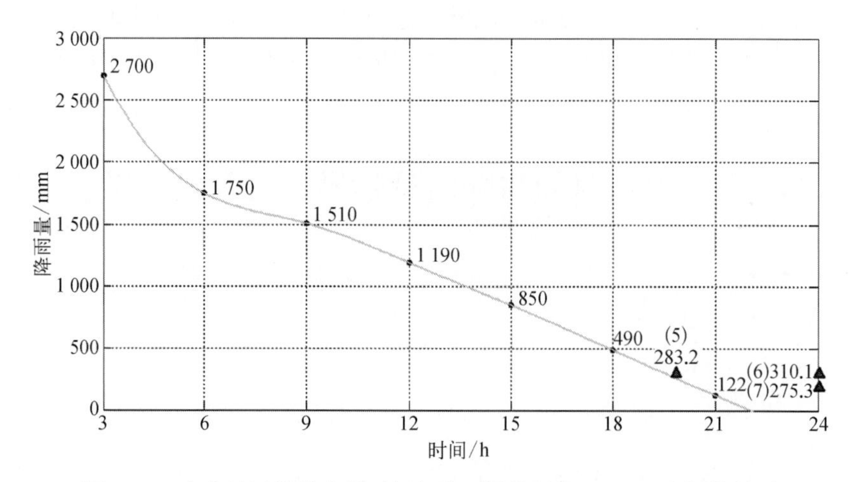

图 6. 16　广东地区滑坡中的时间与降雨量临界值（FS=1）之间的关系

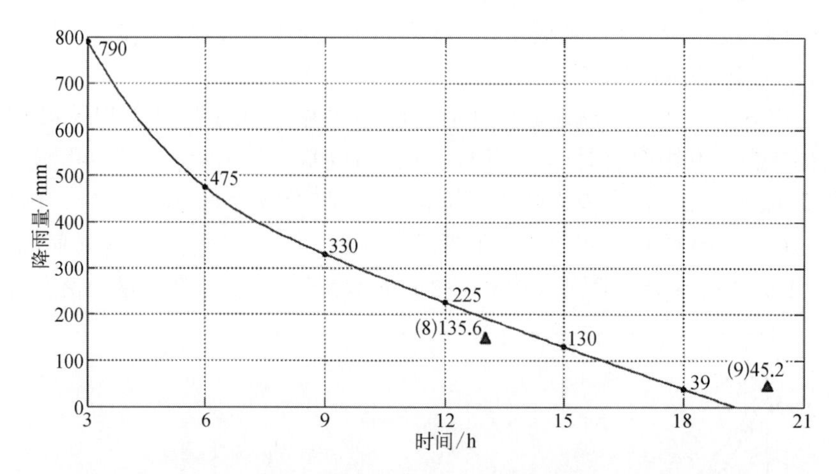

图 6. 17　灞桥地区滑坡中的时间与降雨量临界值（FS=1）之间的关系

同时，我们收集了与这 3 起滑坡类似的其他滑坡事件来进行比较（表 6. 5）。其中（1）～（4）发生在贵州省，与上面试验中的关岭滑坡土壤类型相似；（5）～（7）发生在广东省，与试验中的广东地区滑坡土壤类型相似；（8）～（9）发生在陕西省，都属于黄土滑坡，与灞桥地区滑坡土壤类型相似。分别在 TRMM 3B42 V7 降雨产品中统计了这些滑坡事件的降雨持续时间与降雨量，将它们描绘在图 6. 15～图 6. 17 中（图中三角符号）。这 9 起类似滑坡事件的降雨量都分布在降雨阈值曲线周围，可以证明我们通过 SLIDE 模型简化得到的滑坡事件中时间与降雨临界值之间的关系具有一定的滑坡定量分析及预测价值。

表 6.5　类似滑坡事件

编　号	时　间	影响区域	省	持续时间/h	降雨量/mm
(1)	2011. 6. 6	新屯镇	贵州	24	316. 3
(2)	2009. 6. 8	佳荣镇	贵州	24	286. 5
(3)	2009. 6. 8	理化乡	贵州	24	240. 1
(4)	2009. 6. 8	榕江县	贵州	30	124. 2
(5)	2013. 8. 16	五华县	广东	20	283. 2
(6)	2013. 5. 17	清远市	广东	24	310. 1
(7)	2013. 5. 17	韶关市	广东	24	275. 3
(8)	2013. 7. 12	渭南市，咸阳市	陕西	13	135. 6
(9)	2011. 7. 5	略阳县	陕西	20	45. 2

6.6　本 章 小 结

本章从降雨滑坡机理入手，首先，阐述了饱和-非饱和土壤入渗理论，介绍了目前较为常用的一维及二维降雨滑坡模型：SHALSTAB、SINMAP、TRIGRS 以及 SLIDE，详细分析了它们的优势与劣势，根据本书的主旨选择了多数滑坡机理因子来自遥感数据的 SLIDE 模型，并基于 MATLAB 2012b 的 GUI 功能，开发了界面版的 Ma - SLIDE 操作软件。

其次，利用 Ma - SLIDE 操作软件，以 2011 年 7 月 6 日发生在四川省理县境内的滑坡事件为例，结合前面介绍的 TRMM 3B42 V7 降雨产品，阐述了 SLIDE 模型在滑坡风险分析中的应用。

再次，将前面介绍由经验模型与本章中的滑坡物理模型结合，以中国的 3 个典型降雨滑坡为例，阐述了从降雨滑坡危险性分布到滑坡时空预测及时间与降雨阈值关系的滑坡时空风险分析。

第7章　结论与展望

7.1　研究结论

滑坡作用过程属于一种自然地质现象，但其造成的后果却是一种社会和经济问题，具有灾害性，不仅给人类生命安全带来威胁，而且对财产、环境、资源等造成严重的破坏。世界各国每年因滑坡灾害造成的经济损失近百亿美元，致数千人伤亡。中国的滑坡灾害发生密度大、频度高、分布范围广泛，特别是降雨滑坡，占总滑坡数的90%左右。据中国地质灾害大调查结果表明，中国受潜在地质灾害困扰的县级城镇达400多个，有1万多个村庄受到滑坡、崩塌及泥石流等灾害的威胁。

目前的滑坡预警机制和风险控制的灾害预防工作还达不到减灾防灾的目的。面对滑坡灾害链及其潜在风险效应，传统的地质成因机制、工程治理技术等方面的研究难以满足综合减灾防灾的实际需求。自从RS与GIS技术开始兴起，为滑坡灾害在监测、海量数据处理及管理、分析、预报预警等方面提供了新的工具。但目前在中国，基于RS与GIS在滑坡风险分析中的研究还未形成成熟的体系，缺少对滑坡历史数据的合理编目及高效数据库的开发；缺少对滑坡风险评估所需的内外影响因子的合理及高效辨识；更缺少针对滑坡时空尺度的风险分析及应用。这些方面是滑坡综合分析及预警预报的关键，也可为后期灾害评估及治理提供理论依据。鉴于此，本书针对这些方面展开了一系列的工作，得到了以下主要结论。

(1) 针对中国区域地质环境特点及前人总结的工作，利用GIS空间分析技术，将中国区域地质环境进行数字化分区，并概括讨论了各子区域中滑坡的分布规律。

(2) 通过媒体报道、中国统计年鉴及中国的网络数据库等数据源，收集到了从1949～2011年的滑坡典型事件。采用Google Fusion Tables及Google Maps API技术，开发了网络版中国滑坡数据库系统，实现了Google云平台对滑坡空间数据的查询、分发、更新、可视化等应用功能，突破了现有滑坡网络单纯靠文字及图片描述滑坡的模式，实现了滑坡空间与属性信息的统一。此外，结合第2章中的区域地质环境分区结果，进行了中国典型滑坡历史记录的分析。统计得出，中国的秦巴、西南中山高原地质环境区在滑坡的次数、死亡人数以及经济损失中都是最高的，是中国滑坡分布最为严重的地区，主要是由于该区域地质环境复杂、地震活动频繁、降雨充沛、地区欠发达等原因造成的；大部分的滑坡发生在人口密度小于单位平方千米1 000人，这项结果也是滑坡风险性分析的初步，为后面章节的深入研究提供了客观依据。

(3) 介绍了RS技术在滑坡监测中的主要应用，重点研究了RS技术在滑坡主要内外因子提取的算法及流程。滑坡内部因子主要是地面数字高程模型(DEM)，以LiDAR及航空影像处理入手，以广州市增城区为例，将处理得到的DEM与空三解算得到的正射影像结合，分析了实验区滑坡的风险性，并进行了居住区建筑物的适应性分析；滑坡外部因子主要是降雨，本书中介绍了常用的几种卫星遥感降雨产品：PERSIANN-CCS、CMORPH、3B42RT及3B42，为淮河流域王家坝为研究区，将这几种降雨产品与地面观测站获取的数据进行了比较，得出CMORPH与3B42的数据质量较好。另外，通过综合评估得出，CMORPH数据略低于实际值，3B42数据略高于实际值，考虑CMORPH数据用于滑坡监测会出现滞后的原因，后面的应用选择3B42降雨产品。利用TRMM 3B42 V7的降雨数据，分析了2005～2011年7年间中国典型的降雨滑坡分布、平均降雨强度及降雨历时，得出了中国降雨滑坡的分布规律及降雨强度与降雨历时之间的关系。

(4) 分析了引起滑坡的9个重要内部因子：岩性、凹凸性、坡度、坡向、高度、土壤类型、植被覆盖度、水系及断裂带分布，以前面收集的滑坡历史记录，统计了这些记录在滑坡内部因子中出现的概率，建立了BP神经网络并计算得到了9个主要滑坡内部因子的权重，并通过GIS制图，得到了中国滑坡敏感性分布图，得到了铁路、公路以及居民区等承载体的潜在滑坡风险区域。将前面获取到的TRMM 3B42 V7降雨数据引入，得到了中国降雨滑坡危险性等级分布图并分析了其风险分布。根据第4章中拟合得到的滑坡中降雨强度与持续时间的关系曲线，以2013年9月4日0时至9月5日21时为例，分析了短期降雨影响到的重要区域。

(5) 以饱和-非饱和土壤入渗理论为依据，介绍了降雨滑坡产生的物理原理。比较了目前较为常用的一维及二维降雨滑坡模型：SHALSTAB、SINMAP、TRIGRS以及SLIDE，分析了它们的优势与劣势，根据本书的主旨选择了多数滑坡机理因子来自遥感数据的SLIDE模型。以四川省理县境内的某次滑坡事件为例，结合前面介绍的TRMM 3B42 V7降雨数据，分析了SLIDE模型的适用性。同时，将前期得到的滑坡经验模型与物理模型结合，以中国的3个典型降雨滑坡为例，阐述了滑坡时空风险分析的可行性与应用价值。

7.2　特色与创新

本书研究的特色与创新主要体现在以下三方面。

(1) 基于滑坡历史数据，开发了具有云计算功能的网络版中国滑坡数据库系统。

针对目前滑坡网络数据库单纯以文字及图片表达的模式，结合较为成熟的Google Fusion Tables及Google Maps API技术，开发了中国网络版滑坡数据库，实现了带有GIS功能的滑坡数据查询、分发、更新、可视化、数据统计等功能。

(2) 通过BP神经网络模型,得到了中国整个范围的滑坡敏感性分布图。

分析了引起滑坡的主要内部因子,统计了历史滑坡在这些主要因子中所占的比例,将这些指标引入BP神经网络中,得到了各因子的权重,最终得到了中国整个范围的滑坡敏感性分布图。这项工作在制图流程的规范,结果的精度及分辨率都突破了前人的工作,为中国滑坡风险分析提供了参考价值。

(3) 将滑坡经验模型与物理模型相结合,得到了滑坡时空分析结果。

中国尺度的滑坡风险分析基于统计学的经验模型,得到的主要是定性的结果,该结果侧重滑坡的位置分布;区域尺度的滑坡风险分析基于机理的物理模型,适用于小范围,得到的主要是定量的结果,该结果侧重滑坡的发生时间。将两种方法统一在一起,可以对滑坡风险分析的研究提供更全面的结论,且两种研究结果可相互参照,最终达到一体化的目的。

7.3 展望与下一步工作

本书基于RS与GIS技术,结合地理、地质、水文等综合知识,研究了中国及区域尺度滑坡的时空分布规律,构建了适用于降雨滑坡风险分析的理论和方法体系。虽然本书的研究取得了一定的成果,然而认真总结下来,本书的研究仍存在一些问题,需要后续的工作来进一步完善和加强。存在的主要问题有以下几个方面。

(1) 网络版中国滑坡数据库系统需要完善。

开发得到的网络版中国滑坡数据库系统的初衷是为后期滑坡风险分析提供数据支持,字段编排及数据精度并不是太高;另外,数据库中的统计功能较为简单。这些问题将随着数据不断地更新及分析的需求,在下一步的工作中得到完善。

(2) 遥感数据的分辨率有待进一步提高。

本书中用到了卫星遥感数据,特别是0.25°的TRMM 3B42 V7的降雨数据以及在区域滑坡风险分析中用到的30 m分辨率的DEM数据,这些数据由于分辨率的原因,造成了分析结果出现误差。后期研究中,需要结合实地测量的降雨及地形数据来进行比较研究。

(3) 滑坡物理模型需要进一步完善。

本书中选择了多数滑坡因子来自遥感数据的SLIDE模型,该模型适用于分析强降雨条件下滑坡体的风险性,没有考虑降雨在非饱和介质入渗的情况。后期的研究,需要将模型进一步完善,综合考虑多种降雨条件下滑坡产生的机理情况。

参 考 文 献

陈康，郑纬民. 2009. 云计算：系统实例与研究现状[J]. 软件学报，20(5)：1337－1348.

崔云，孔纪名，倪振强，等. 2011. 强降雨在滑坡发育中的关键控制机理及典型实例分析[J]，灾害学，26(3)：13－17.

邓养鑫. 1983. 天山博格达峰地区的冰川泥石流[J]. 冰川冻土，5(3)：235－241.

杜继稳. 2010. 降雨地质灾害预报预警-以黄土高原和秦巴山区为例[M]. 北京：科学出版社，3－5.

冯骏. 2013. 基于 Google Maps 的地理信息系统共享与 Web 服务集成方法研究与实践[D]. 信息工程大学(硕士学位论文)，15－20.

高华喜，殷坤龙. 2011. 基于 GIS 的滑坡灾害风险空间预测[J]. 自然灾害学报，20(1)：31－36.

胡敦奇. 2005. 广州边缘区增城市综合交通发展战略研究[J]. 城市道桥和防洪，(5)：25－27.

兰恒星，伍法权，王思敬. 2002. 基于 GIS 的滑坡 CF 多元回归模型及其应用[J]. 山地学报，20(6)：732－737.

兰恒星，周成虎，伍法权，等. 2003. GIS 支持下的降雨滑坡危险性空间分析预测[J]. 科学通报，(5)：507－512.

李长江，麻土华，朱兴盛. 2008. 降雨滑坡预报的理论、方法及应用[M]. 北京：地质出版社，1－3.

李德仁，周月琴，马洪超. 2000. 卫星雷达干涉测量原理与应用[J]. 测绘科学，25(1)：9－12.

李铁锋，徐岳仁，潘懋，等. 基于多期 SPOT－5 影像的降雨浅层滑坡遥感解译研究[J]. 2007. 北京大学学报(自然科学版)，43(2)：204－210.

李秀珍，许强，刘希林. 2005. 基于 GIS 的滑坡综合预测预报信息系统[J]. 工程地质学报，13(3)：398－403.

李媛，孟晖，董颖，等. 2004. 中国地质灾害类型及其特征-基于全国县市地质灾害调查成果分析[J]，中国地质灾害与防治学报，15(2)：29－31.

廖明生，唐婧，王腾，等. 2012. 高分辨率 SAR 数据在三峡库区滑坡监测中的应用[J]. 中国科学：地球科学，42(2)：217－229.

林子雨，赖永炫，林琛，等. 2012. 云数据库研究[J]. 软件学报，23(5)：1148－1166.

刘春，陈华云，吴杭彬. 2010. 激光三维遥感的数据处理与特征提取[M]. 北京：科学出版社，8－14.

刘春，李巍岳，雷伟刚，等. 2012. 基于光束法自由网平差的无人机影像严格拼接[J]. 同济大学学报(自然科学版)，40(5)：757－762.

刘春，姚银银，吴杭彬. 2009. 机载激光扫描(LIDAR)标准数据格式(LAS)的分析与数据提取[J]. 遥感信息，(4)：38－42.

刘耀龙. 2011. 多尺度自然灾害情景风险评估与区划-以浙江省温州市为例[D]. 上海：华东师范大学(博士学位论文)，3－8.

卢刚. 2005. 新疆泥石流危害研究及危险度评价[D]. 乌鲁木齐：新疆农业大学(硕士学位论文).

罗春荣. 2003. 国外网络数据库：当前特点与发展趋势[J]. 中国图书馆学报,(3)：44-47.
麻土华,李长江,孙乐玲,等. 2011. 浙江地区引发滑坡的降雨强度-历时关系[J]. 中国地质灾害与防治学报,22(2)：20-25.
马国哲. 2008. 北祁连山区泥石流发育特点及其防治措施[J]. 中国地质灾害与防治学报,19(3)：20-25.
梅安新. 2001. 遥感导论[M]. 北京：高等教育出版社,1-15.
乔建平. 2010. 滑坡风险区划理论与实践[M]. 成都：四川大学出版社,49-54.
芮孝芳. 2004. 水文学原理[M]. 北京：中国水利水电出版社,76-93.
沈艳,潘旸,宇婧婧,等. 2013. 中国区域小时降水量融合产品的质量评估[J]. 大气科学学报,36(1)：37-46.
沈艳,游然,冯明农. 2010. PEHRPP计划简介及在中国大陆区域的数据质量评估[C]. 第七届全国优秀青年气象科技工作者学术研讨会论文集.
宋杨,范湘涛,陆现彩. 2006. 利用多时相遥感影像与DEM数据的滑坡灾害调查-以新滩地区为例[J]. 安徽师范大学学报(自然科学版),29(3)：276-280.
苏娟,张晶,侯建民,等. 2010. 基于Google Maps API地震信息查询系统研究与开发[J]. 首都师范大学学报(自然科学版),31(1)：51-54.
孙建平,刘青泉,李家春,等. 2008. 降雨入渗对深层滑坡稳定性影响研究[J]. 中国科学(G辑：物理学 力学 天文学),38(8)：945-954.
孙金山,陈明,左昌群,等. 2012. 降雨浅层滑坡危险性预测模型[J]. 地质科技情报,31(2)：117-121.
王杰,马凤山,郭捷,等. 2011. 一种改进的区域滑坡危险性评价模型及其应用[J]. 中国地质灾害与防治学报,22(2)：14-19.
王卫民,郝金来,姚振兴. 2013. 2013年4月20日四川芦山地震震源破裂过程反演初步结果[J]. 地球物理学报,56(4)：1412-1417.
王志旺,廖勇龙,李端有. 2006. 基于逻辑回归法的滑坡危险度区划研究[J]. 地下空间与工程学报,1451-1454.
王治华. 2012. 滑坡遥感[M]. 北京：科学出版社,97-120.
吴彩燕,王青. 2012. 山区灾害与环境风险研究[M]. 北京：科学出版社,1-5.
吴林高,缪俊发,张瑞,等. 1996. 渗流力学[M]. 上海：上海科学技术文献出版社,23-34.
武利. 2012. 基于SINMAP模型的区域滑坡危险性定量评估及模型验证[J]. 地理与地理信息科学,28(2)：35-39.
肖和平,潘芳喜. 2000. 地质灾害与防御[M]. 北京：地震出版社,12-35.
谢全敏,夏元友. 2008. 滑坡灾害评估及其治理优化决策新方法[M]. 武汉：武汉理工大学出版社,7-15.
熊德清. 2009. 四川省理县5.12汶川地震诱发地质灾害应急排查与危险性评价[D]. 成都理工大学：硕士学位论文,50.
徐邦栋. 2001. 滑坡分析与防治[M]. 北京：中国铁道出版社,535-551.
徐兴华,尚岳全,王迎超. 2010. 滑坡灾害综合评判决策系统研究[J]. 岩土力学,31(10)：3157-3165.
许冲,徐锡伟. 2012. 基于不同核函数的2010年玉树地震滑坡空间预测模型研究[J]. 地球物理学报,55(9):2994－3005.
姚文波,刘文兆,侯甬坚.2008.汶川大地震陇东黄土高原崩塌滑坡调查分析[J].生态学报,28(12):5917－5926.
殷坤龙,张桂荣,陈丽霞,等.2010.滑坡灾害风险分析[M].北京:科学出版社,1－3.
张发明.2007.多尺度三维地质结构几何模拟与工程应用[M].北京:科学出版社,1－9.
张军,刘祖强,邓小川,等.2010.滑坡监测分析预报的非线性理论和方法[M].北京:中国水利水电出版社,155－160.
张明,胡瑞林,谭儒蛟,等.2009.降雨滑坡研究的发展现状与展望[J].工程勘察,(3):11－17.
张小红.2007.机载激光雷达测量技术理论与方法[M].武汉:武汉大学出版社,94－95.
中国地质科学院水文地质工程地质研究所.1992.中国环境地质分区图(1:6 000 000)[M].北京:中国地图出版社,1－10.
钟敦伦,王成华,谢洪,等.1998.中国泥石流滑坡编目数据库与区域规律研究[M].成都:四川科学技术出版社,11－20.
周成虎,贵景飞,陆锋,等.2001.第四代GIS软件研究[J].中国图像图形学报,6A(9):817－823.
周洁萍,龚建华,王涛,等.2008.汶川地震灾区无人机遥感影像获取与可视化管理系统研究[J].遥感学报,12(6):877－884.
周自强,李保雄,王志荣.2007.兰州文昌阁黄土-基岩滑坡临滑预报[J].兰州大学学报(自然科学版),43(1):11－14.
卓宝熙.2002.工程地质遥感判读与应用[M].北京:中国铁道出版社,5－30.
Amitrano D, Gaffet S, Malet J P, et al. 2007. Understanding mudslides through micro-seismic monitoring: the Super-Sauze (South-East French Alps) case study[J]. Bulletin De La Société Géologique De France, 178(2): 149－157.
Arkiin P, Ardanuy P. 1989. Estimating climatic-scale precipitation from space: A review[J]. Journal of Climate, 2: 1229－1238.
Ayalew L, Yamagishi H. 2005. The application of GIS－based logistic regression for landslide susceptibility mapping in the Kakuda-Yahiko Mountains, Central Japan[J]. Geomorphology, 65(1/2): 15－31.
Baum R L, Coe J A, Godt J W, et al. 2005. Regional landslide-hazard assessment for Seattle, Washington, USA[J]. Landslides, 2(4): 266－279.
Baum R L, Savage W Z, Godt J W, et al. 2002. TRIGRS: A Fortran program for transient rainfall infiltration and grid-based regional slope-stability analysis [R]. United States Geological Survey.
Bogaard T, Guglielmi Y, Marc V, et al. 2007. Hydrogeochemistry in landslide research: A review[J]. Bulletin De La Société Géologique De France, 178: 113－126.
Brabb E E. 1984. Innovative approaches to landslide hazard and risk mapping[R]. Proceedings of 4th International Symposium on Landslides, Canadian Geotechnical Society, Toronto, 307－323.
Brand E W, Premchitt J, Phillipson H B. 1984. Relationship between rainfall and landslide in Hong Kong[C]. Proceedings of the Fourth International Symposium on Landslide. Toronto, 377－384.

Brown E M. 2006. An analysis of the performance of hybrid infrared and microwave satellite precipitation algorithms over India and adjacent regions[J]. Remote Sensing of Environment, 101: 63－81.

Brugioni M, Casagli N, Colombo D, et al. 2011. SLAM, a Service for Landslide Monitoring Based on EO－DATA. earth. esa. int/workshops/fringe03/.../485/paper_paper_manunta_SLAM. pdf. (accessed on 6 March 2011)

Butler H, Loskot M, Vachon P, et al. 2011. libLAS: ASPRS LAS LiDAR data toolkit[R]. Last Access, 15.

Caine N. 1980. The rainfall intensity: Duration control of shallow landslides and debris flows [J]. Geografiska Annaler: Series A, Physical Geography, 62(1/2): 23－27.

Cascini L, Fornaro G, Peduto D. 2010. Advanced low-and full-resolution DInSAR map generation for slow-moving landslide analysis at different scales[J]. Engineering Geology, 112 (1): 29－42.

Chacón J, Irigaray C, Fernández T, et al. 2006. Engineering geology maps: Landslides and geographical information systems[J]. Bulletin of Engineering Geology and the Environment, 65: 341－411.

Chadwick J, Dorsch S, Glenn N, et al. 2005. Application of multi-temporal high-resolution imagery and GPS in a study of the motion of a canyon rim landslide[J]. ISPRS Journal of Photogrammetry and Remote Sensing, 59(4): 212－221.

Chauhan S, Sharma M, Arora M K, et al. 2010. Landslide susceptibility zonation through ratings derived from artificial neural network[J]. International Journal of Applied Earth Observation and Geoinformation, 12(5): 340－350.

Cheng K S, Wei C, Chang S C. 2004. Locating landslides using multi-temporal satellite images [J]. Advances in Space Research, 33(3): 296－301.

Chen R F, Chang K J, Angelier J, et al. 2006. Topographical changes revealed by high-resolution airborne LiDAR data: The 1999 Tsaoling landslide induced by the Chi-Chi earthquake[J]. Engineering Geology, 88(3/4): 160－172.

Che V B, Kervyn M, Suh C, et al. 2012. Landslide susceptibility assessment in limbe (sw cameroon): A field calibrated seed cell and information value method[J]. Catena, 92: 83－98.

Chien Y C, Tien C C, Fan Y, et al. 2005. Rainfall duration and debris-flow initiated studies for real-time monitoring[J]. Environmental Geology, 47(5): 715－724.

Chigira M, Wu X, Inokuchi T, et al. 2010. Landslides induced by the 2008 Wenchuan earthquake, Sichuan, China[J]. Geomorphology, 118(3): 225－238.

Chleborad A F. 2003. Preliminary evaluation of a precipitation threshold for anticipating the occurrence of landslides in the Seattle, Washington, Area[R]. US Geological Survey Open-File Report, 03－463.

Corominas J, Moya J, Hürlimann M. 2002. Landslide rainfall triggers in the Spanish Eastern Pyrenees[R]. Proceedings of 4th EGS Plinius Conference "Mediterranean Storms". Editrice, Mallorca.

Dai F C, Lee C F. 2001. Frequency-volume relation and prediction of rainfall-induced landslides

[J]. Engineering Geology, 59: 253 - 266.

Dai F, Lee C, Ngai Y. 2002. Landslide risk assessment and management: An overview[J]. Engineering Geology, 64(1): 65 - 87.

Das I, Kumar G, Stein A, et al. 2011. Stochastic landslide vulnerability modeling in space and time in a part of the northern Himalayas, India [J]. Environmental Monitoring and Assessment, 178(13): 25 - 37.

Demoulin A, Chung C. 2007. Mapping landslide susceptibility from small datasets: A case study in the Pays de Herve (E Belgium)[J]. Geomorphology, 89(3/4): 391 - 404.

Dietrich W E, de Asua R R, Coyle J, et al. 1998. A validation study of the shallow slope stability model, SHALSTAB, in forested lands of Northern California [J]. Stillwater Ecosystem, Watershed & Riverine Sciences. Berkeley, CA.

Dietrich W E, Reiss R, Hsu M L, et al. 1995. A process-based model for colluvial soil depth and shallow landsliding using digital elevation data[J]. Hydrological Processes, 9(3/4): 383 - 400.

Dou J, Qian J, Zhang H, et al. 2009. Landslides detection: A case study in Conghua city of Pearl River delta [C]. Second International Conference on Earth Observation for Global Changes. International Society for Optics and Photonics, 74711K - 74711K - 11.

Dunning S A, Mitchell W A, Rosser N J, et al. 2007. The Hattian Bala rock avalanche and associated landslides triggered by the Kashmir Earthquake of 8 October 2005[J]. Engineering Geology, 93: 130 - 144.

Ercanoglu M, Gokceoglu C. 2004. Use of fuzzy relations to produce landslide susceptibility map of a landslide prone area (west black sea region, turkey)[J]. Engineering Geology, 75(3): 229 - 250.

Fell R, Hokks, Lacasse S, et al. 2005. A framework for landside risk assessment and management [R]. Proceedings International Conference on Landslide Risk Management, London: 3 - 25.

Fredlund D G, Krahn J, Pufahl D E. 1981. The relationship between limit equilibrium slope stability methods[C]Proceedings of 10th International Conference Soil Mechanics, Stockholm: 409 - 416.

Fredlund D G, Morgenstern N R, Widger R A. 1978. The shear strength of unsaturated soils [J]. Canadian Geotechnical Journal, 15(3): 313 - 321.

Gibin M, Singleton A, Milton R, et al. 2008. An exploratory cartographic visualisation of London through the Google Maps API[J]. Appl. Spatial Analysis, 1: 85 - 97.

Gibson R, Schuyler E. 2006. Google Maps Hacks[M]. O'Reilly Media, Inc. : 1 - 21.

Günther A, Reichenbach P, Malet J P, et al. 2013. Tier-based approaches for landslide susceptibility assessment in Europe[J]. Landslides, 10(5): 529 - 546.

Gonzalez H, Halevy A, Jensen C S, et al. 2010. Google fusion tables: Data management, integration and collaboration in the cloud[C]. Proceedings of the 1st ACM Symposium on Cloud Computing, ACM, 175 - 180.

Guzzetti F, Cardinali M, Reichenbach P, et al. 2004. Landslides triggered by the 23 November

2000 rainfall event in the Imperia Province, Western Liguria, Italy[J]. Engineering Geology, 73(3): 229－245.

Guzztti F, Peruccacci S, Rossi M, et al. 2007. Rainfall thresholds for the initiation of landslides [J]. Meteorology and Atmospheric Physics, 98(3/4): 239－267.

Haas J. 2010. Soil moisture modeling using TWI and satellite imagery in the Stockholm region [D]. Master's of Science Thesis in Geoinformatics, Sweden: Royal Institute of Technology.

Hervas J, Barredo J I, Rosin P L, et al. 2003. Monitoring landslides from optical remotely sensed imagery: The case history of Tessina landslide, Italy[J]. Geomorphology, 54(1/2): 63－75.

Herwitz S R, Johnson L F, Dunagan S E, et al. 2004. Imaging from an unmanned aerial vehicle: Agricultural surveillance and decision support[J]. Computers and Electronics in Agriculture, 44(1): 49－61.

Hong Y, Adler R F. 2008. Predicting global landslide spatiotemporal distribution: Integrating landslide susceptibility zoning techniques and real-time satellite rainfall estimates[J]. Special Issue of International Journal of Sediment Research, 23(3): 249－257.

Hong Y, Hiura H, Shino K, et al. 2005. The influence of intense rainfall on the activity of large-scale crystalline schist landslides in Shikoku Island, Japan[J]. Landslides, 2(2): 97－105.

Hong Y, Robert A, George H. 2007. Use of satellite remote sensing data in the mapping of global landslide susceptibility[J]. Natural Hazards, 43(2): 245－256.

Huang R. 2009. Some catastrophic landslides since the twentieth century in the southwest of China[J]. Landslides, 6: 69－81.

Huang R Q, Li W L. 2011. Formation, distribution and risk control of landslides in China[J]. Journal of Rock Mechanics and Geotechnical Engineering, 3: 97－116.

Huffman G J, Adler R F, Stoker E F, et al. 2004. Analyses of TRMM 3－hourly multi-satellite precipitation estimates computed in both real and post-real time[R]. AMS 12th Conf. on Satellite Meteorology & Oceanography, Seattle, 11－15.

Hungr O, Fell R, Couture R, et al. 2005. Landslide risk management[R]. Proceedings of the International Conference on Landslide Risk Management. London: Tlaylor and Francis.

Iverson R M. 2000. Landslide triggering by rain infiltration[J]. Water Resources Research, 36(7): 1897－1910.

Jongmans D, Garambois S. 2007. Geophysical investigation of landslides: A review[J]. Bulletin De La Société Géologique De France, 178(2): 101－112.

Joyce R J, Janowiak J E, Arkin P A, et al. 2004. CMORPH: A method that produces global precipitation estimates from passive microwave and infrared data at high spatial and temporal resolution[J]. Journal of Hydrometeorology, 5: 487－503.

Karssenberg D. 2002. The value of environmental modeling languages for building distributed hydrological models[J]. Hydrological Processes, 16(14): 2751－2766.

Kaynia A M, Papathoma-Köhle M, Neuhuser B, et al. 2008. Probabilistic assessment of vulnerability to landslide: Application to the village of Lichtenstein, Baden-Württemberg,

Germany[J]. Engineering Geology, 101(1/2): 33 - 48.

Keefer D K, Wilson R C, Mark R K, et al. 1987. Real-time landslide warning during heavy rainfall[J]. Science, 238: 921 - 925.

Kirschbaum D, Adler R, Adler D, et al. 2012. Global distribution of extreme precipitation and high-impact landslides in 2010 relative to previous years[J]. Journal of Hydrometeorology, 13(5): 1536 - 1551.

Kirschbaum D B, Adler R, Hong Y, et al. 2010. A global landslide catalog for hazard applications: Method, results, and limitation[J]. Natural Hazards, 52: 561 - 575.

Kirschbaum D B, Adler R, Hong Y, et al. 2012. Advances in landslide nowcasting: Evaluation of a global and regional modeling approach[J]. Environmental Earth Sciences, 66(6): 1683 - 1696.

Kishtawal C M, Krishnamurti T N. 2011. Diurnal variation of summer rainfall over Taiwan and its detection using TRMM observations[J]. Journal of Applied meteorology, 40(3): 331 - 344.

Kuriakose S L, van Beek L P H, van Westen C J. 2009. Parameterizing a physically based shallow landslide model in a data poor region[J]. Earth Surface Processes and Landforms, 34: 867 - 881.

Larsen M C, Simon A. 1993. A rainfall intensity-duration threshold for landslides in a humid-tropical environment, Puerto Rico[J]. Geografiska Annaler A, 75(1/2): 13 - 23.

Leventhal A, Withycombe G. 2009. Landslide risk management for Australia[J]. Australian Journal of Emergency Management, 24(1): 39 - 52.

Liao M S, Tang J, Wang T, et al. 2012. Landslide monitoring with high-resolution SAR data in the Three Gorges region[J]. Science China, 55(4): 590 - 601.

Liao Z H, Hong Y, Kirschbaum D, et al. 2012. Assessment of shallow landslides from Hurricane Mitch in central America using a physically based model[J]. Environmental Earth Sciences, 66: 1697 - 1705.

Liao Z H, Hong Y, Wang J, et al. 2010. Prototyping an experimental early warning system for rainfall-induced landslides in Indonesia using satellite remote sensing and geospatial datasets[J]. Landslides, 7: 317 - 324.

Liao Z, Hong Y, Kirschbaum D, et al. 2011. Evaluation of TRIGRS (transient rainfall infiltration and grid-based regional slope-stability analysis)'s predictive skill for hurricane-triggered landslides: A case study in Macon County, North Carolina[J]. Natural Hazards, 58(1): 325 - 339.

Liu C, Li W Y, Wu H B, et al. 2013. Susceptibility evaluation and mapping of China's landslide based on multi-source data[J]. Natural Hazards, 69: 1477 - 1495.

Lu P, Catani F, Tofani V, et al. 2013. Quantitative hazard and risk assessment for slow-moving landslides from persistent scatterer interferometry[J]. Landslides, 1 - 12.

Lu P, Wu H B, Qiao G, et al. 2012. MUNOLD: Landslide monitoring using a spatial sensor network[J]. Mechanical Engineering and Technology, 125: 285 - 289.

Malet J P, Delacourt C, Maquaire O, et al. 2007. Introduction to the thematic volume: Issues in landslide process monitoring and understanding[J]. Bulletin de la Société Géologique de France, 178: 63 - 64.

Marco L, Paolo S. 1990. Embedding a geographic information system in a decision support system for landslide hazard monitoring[J]. Natural Hazards, 20: 185 - 195.

Metternicht G, Hurni L, Gogu R. 2005. Remote sensing of landslides: An analysis of the potential contribution to geo-spatial systems for hazard assessment in mountainous environments[J]. Romote Sensing of Environment, 98(2/3): 284 - 303.

Michael A. 2000. The integration of UAVs in airspace[J]. Air & Space Europe, 2(1): 101 - 104.

Miller S, Brewer T, Harris N. 2009. Rainfall thresholding and susceptibility assessment of rainfall-induced landslide: Application to landslide management in ST Thomas, Jamaica[J]. Bulletin of Engineering Geology and Environment, 68(4): 539 - 550.

Montgomery D R, Dietrich W E, Heffner J T. 2002. Piezometric response in shallow bedrock at cb1: Implications for runoff generation and landsliding[J]. Water Resource Research, 38(12): 1274.

Montrasio L, Valentino R. 2008. A model for triggering mechanisms of shallow landslides[J]. Natural Hazards and Earth System Science, 8: 1149 - 1159.

Mora S, Vahrson W. 1994. Macrozonation methodology for landslide hazard determination[J]. Bulletin of the International Association of Engineering Geology, 31(1): 49 - 58.

Niethammer U, James M R, Rothmund S, et al. 2012. UAV-based remote sensing of the Super-Sauze landslide: Evaluation and results[J]. Engineering Geology, 128: 2 - 11.

Noferini L, Pieraccini M, Mecatti D, et al. 2007. Using GB - SAR technique to monitor slow moving landslide[J]. Engineering Geology, 95(3/4): 88 - 98.

Oh H J, Park N W, Lee S S, et al. 2012. Extraction of landslide-related factors from ASTER imagery and its application to landslide susceptibility mapping[J]. International Journal of Remote Sensing, 33(10): 3211 - 3231.

Pack R T, Tarboton D G, Goodwin C N. 1998. The SINMAP approach to terrain stability mapping[C]. 8th Congress of the International Association of Engineering Geology, Vancouver, British Columbia, Canada, 21 - 25.

Park D W, Nikhil N V, Lee S R. 2013. Landslide and debris flow susceptibility zonation using TRIGRS for the 2011 Seoul landslide event[J]. Natural Hazards and Earth System Sciences, 13: 2833 - 2849.

Park N W. 2008. Geostatistical integration of different sources of elevation and its effect on landslide hazard mapping[J]. Korean Journal of Remote Sensing, 24(5): 453 - 462.

Peruccacci S, Brunetti M T, Luciani S, et al. 2011. Lithological and seasonal control on rainfall thresholds for the possible initiation of landslides in central italy[J]. Geomorphology, 139/140: 79 - 90.

Petley D. 2012. Global patterns of loss of life from landslides[J]. Geology, 40: 927 - 930.

Refice A, Capolongo D. 2002. Probabilistic modeling of uncertainties in earthquake-induced landslide hazard assessment[J]. Comput Geosci - UK, 28(6): 735 - 749.

Remondo J, Bonachea J, Cendrero A. 2004. Probabilistic landslide hazard and risk mapping on the basis of occurrence and damages in the recent past[C]. Landslides, Evaluation & Stabilization. Proceedings of the 9th International Symposium on Landslides, Rio de Janeiro. 1: 125 - 130.

Richards L A. 1931. Capillary conduction of liquids through porous mediums[J]. Physics, 1(5): 318 - 333.

Rott H, Nagler T. 2006. The contribution of radar interferometry to the assessment of landslide hazards[J]. Advances in Space Research, 37(4): 710 - 719.

Schulz W H. 2007. Landslide susceptibility revealed by LIDAR imagery and historical records, Seattle, Washington[J]. Engineering Geology, 89(1/2): 67 - 87.

Schwab M, Rieke-Zapp D, Schneider H, et al. 2008. Landsliding and sediment flux in the Central Swiss Alps: A photogrammetric study of the Schimbrig landslide, Entlebuch[J]. Geomorphology, 97(3/4): 392 - 406.

Sidle R, C, Ochiai H. 2006. Landslides: Processes, Prediction, and Land Use[M]. American Geophysical Union, 1 - 14.

Sorooshian S, Hsu K L, Gao X, et al. 2000. Evaluation of PERSIANN system satellite-based estimates of tropical rainfall[J]. Bulletin of the American Meteorological Society, 81: 2035 - 2046.

Spiker E C, Gori P. 2003. National landslide Hazards Mitigation Strategy, a Framework for Loss Reduction[M]. US Geological Survey, 43 - 46.

Squarzoni C, Delacourt C, Allemand P. 2003. Nine years of spatial and temporal evolution of the La Valette landslide observed by SAR interferometry[J]. Engineering Geology, 68(1/2): 53 - 66.

Temesgen B, Mohammed M U, Korme T. 2001. Natural hazard assessment using GIS and remote sensing methods, with particular reference to the landslides in the Wondogenet Area, Ethiopia[J]. Physics and Chemistry of the Earth, Part C: Solar, Terrestrial & Planetary Science, 26(9): 665 - 676.

Terhorst B, Kreja R. 2009. Slope stability modelling with SINMAP in a settlement area of the Swabian Alb[J]. Landslides, 6(4): 309 - 319.

Tsai T L, Yang J C. 2006. Modeling of rainfall-triggered shallow landslide[J]. Environmental Geology, 50(4): 525 - 534.

Valadäo P, Gaspar J L, Queiroz G, et al. 2002. Landslides density map of S. Miguel Island, Azores archipelago[J]. Natural Hazards and Earth System Sciences, 2: 51 - 56.

Varnes D J. 1984. Landslide hazard hazard zonation: A review of principal and practice[J]. Commission of Landslide of IAEG, UNESCO, Natural Hazards, 3: 63.

Wang W D, Guo J, Fang L G, et al. 2012. A subjective and objective integrated weighting method for landslides susceptibility mapping based on GIS[J]. Environmental Earth Science, 65(6): 1705 - 1714.

Wu Q, Ye S, Wu X, et al. 2004. Risk assessment of earth fractures by constructing an intrinsic vulnerability map, a specific vulnerability map, and a hazard map, using Yuci City, Shaanxi,

China as an example[J]. Environmental Geology, 46: 104－112.

Yang C G, Yu Z B, Lin Z H, et al. 2009. Study on watershed hydrologic processes using TRMM satellite precipitation radar products[J]. Advances in Water Science, 20: 461－466.

Yin Y P, Wang F W, Sun P. 2009. Landslide hazards triggered by the 2008 Wenchuan earthquake, Sichuan, China[J]. Landslides, 6: 139－151.

Yong B, Hong Y, Ren L L, et al. 2012. Assessment of evolving TRMM－based multisatellite real time precipitation estimation methods and their impacts on hydrologic prediction in a high latitude basin[J]. Journal of Geophysical Research: Atmospheres (1984－2012), 117(D9).

Zhang F, Chen W, Liu G, et al. 2012. Relationships between landslide types and topographic attributes in a loess catchment, China[J]. Journal of Mountain Science, 9(6): 742－751.

Zhang G P, Xu J, Bi B G. 2009. Relations of landslide and debris flow hazards to environmental factors[J]. Chinese Journal of Applied Ecology, 20(3): 653－658.

Zhou P G, Zhou B S, Guo J J, et al. 2005. A demonstrative GPS－asided automatic landslide monitoring system in Sichuan province[J]. Journal of Global Positioning System, 4: 184－191.

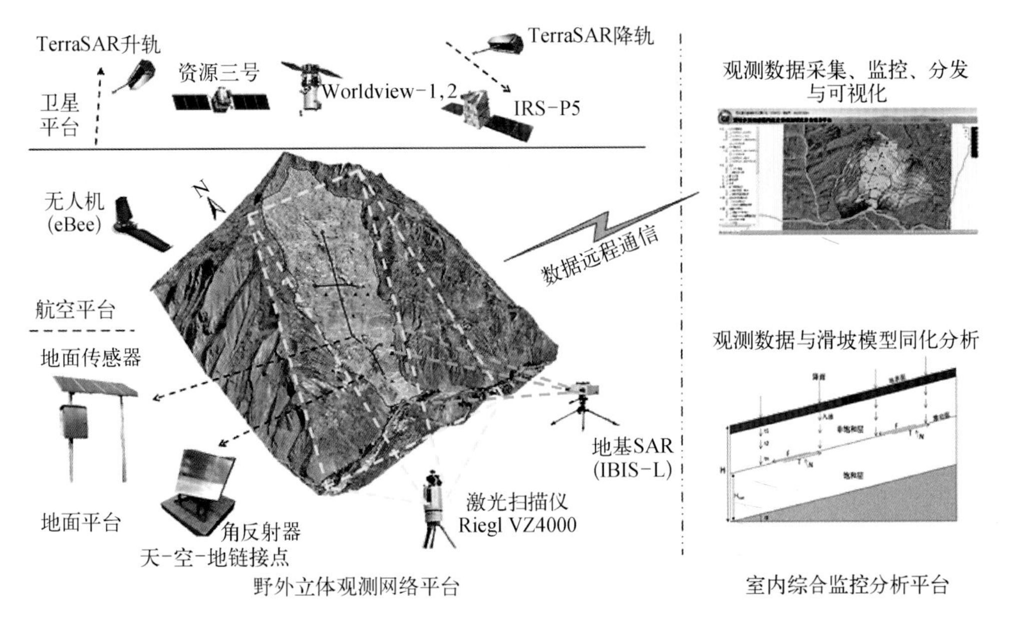

图 1.7　空-天-地一体化的滑坡立体监测平台

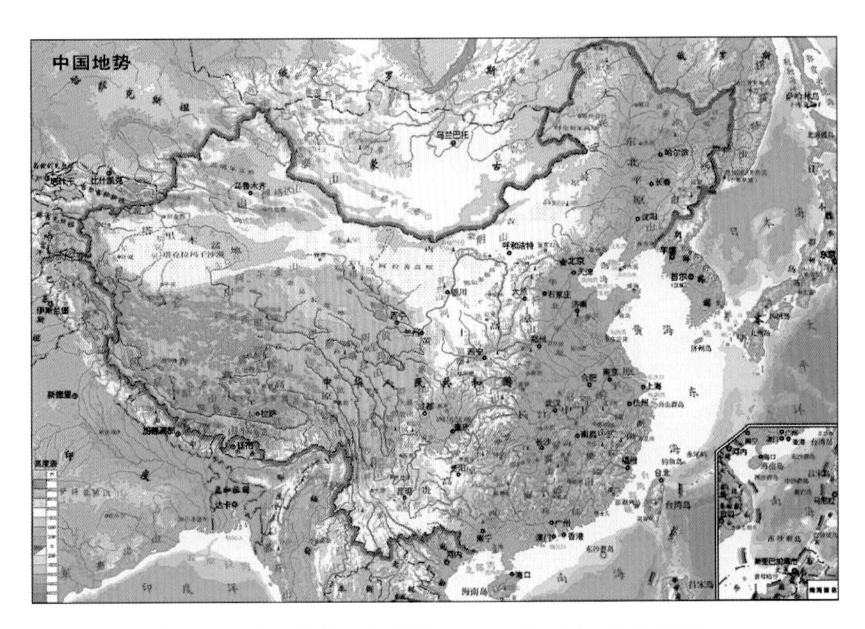

图 2.1　中国地势三大阶梯(来自中华人民共和国年鉴)

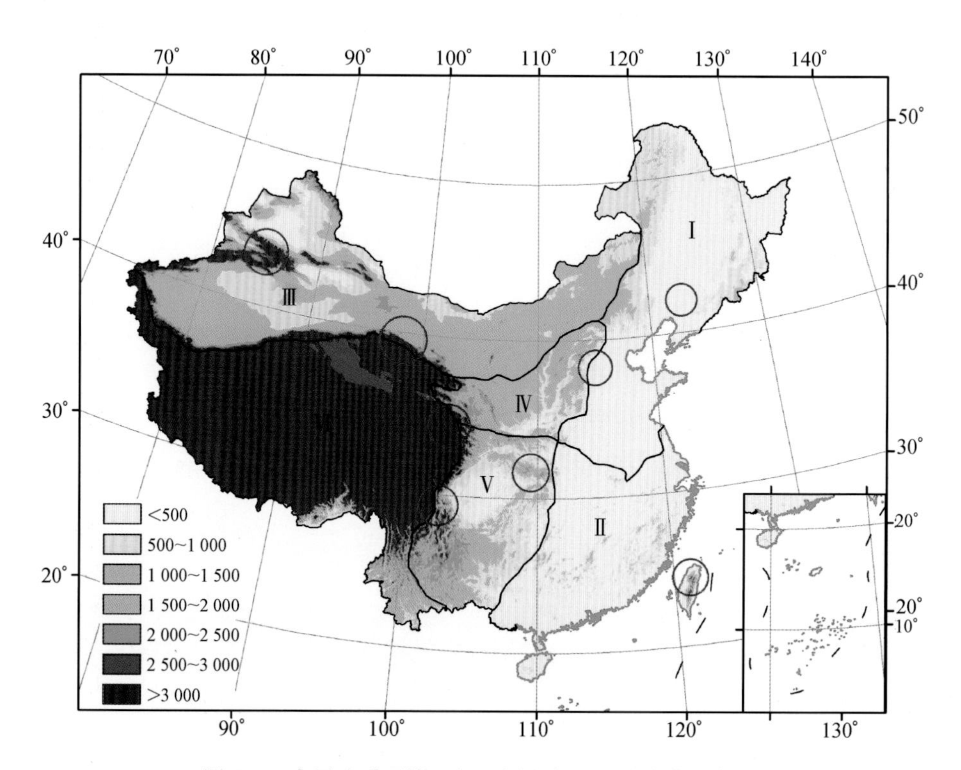

图 2.3　中国地质环境一级区划和主要滑坡分布示意图

Ⅰ. 华北、东北平原丘陵山地环境地质区；Ⅱ. 华南丘陵山地环境地质区；Ⅲ. 西北盆地、山地、高原环境地质区；Ⅳ. 黄土高原、山西山地环境地质区；Ⅴ. 秦巴、西南中山高原环境地质区；Ⅵ. 青藏高原环境地质区

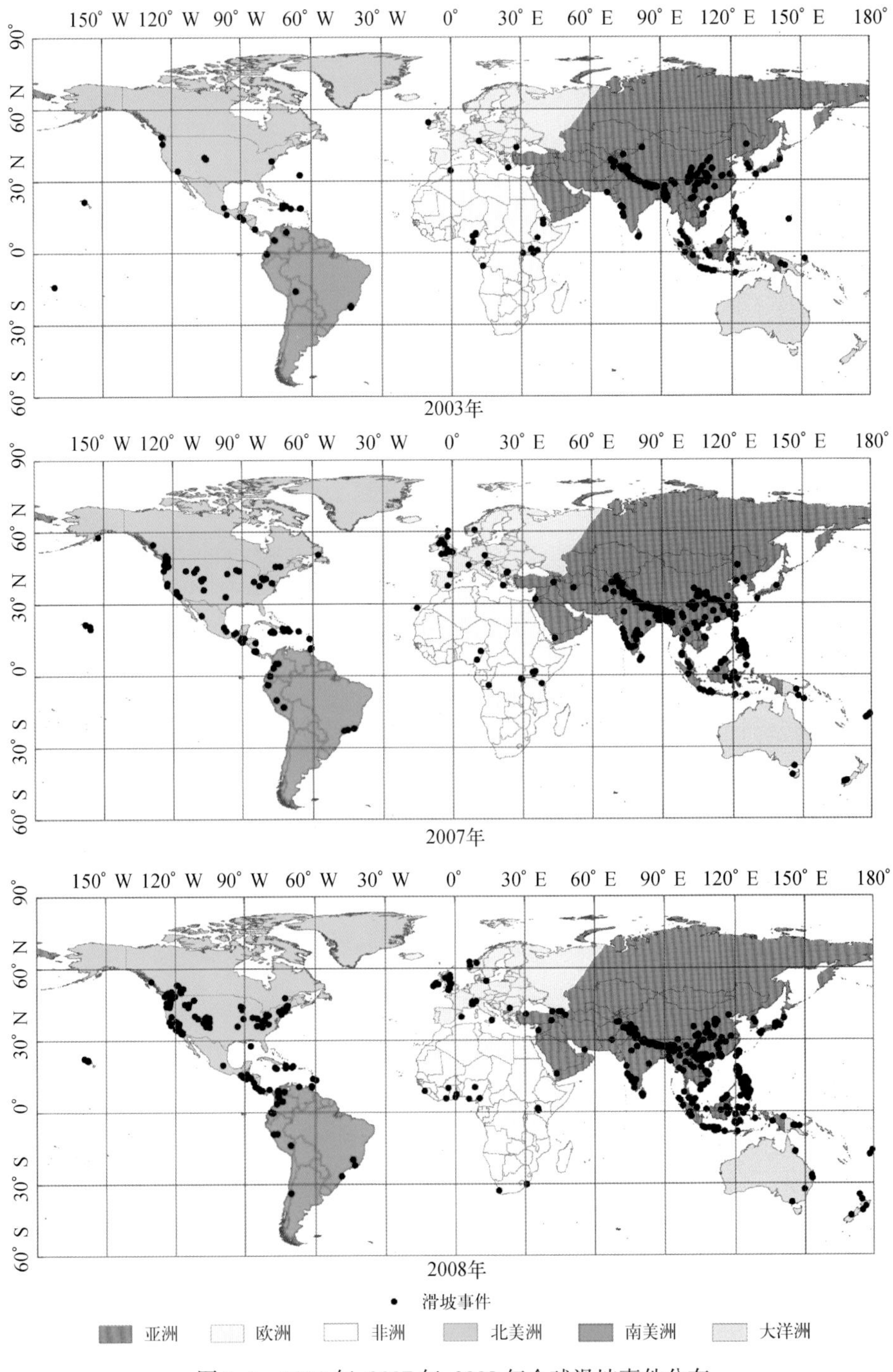

图 3.1　2003 年、2007 年、2008 年全球滑坡事件分布

资料来源：Kirschbaum et al.，2010

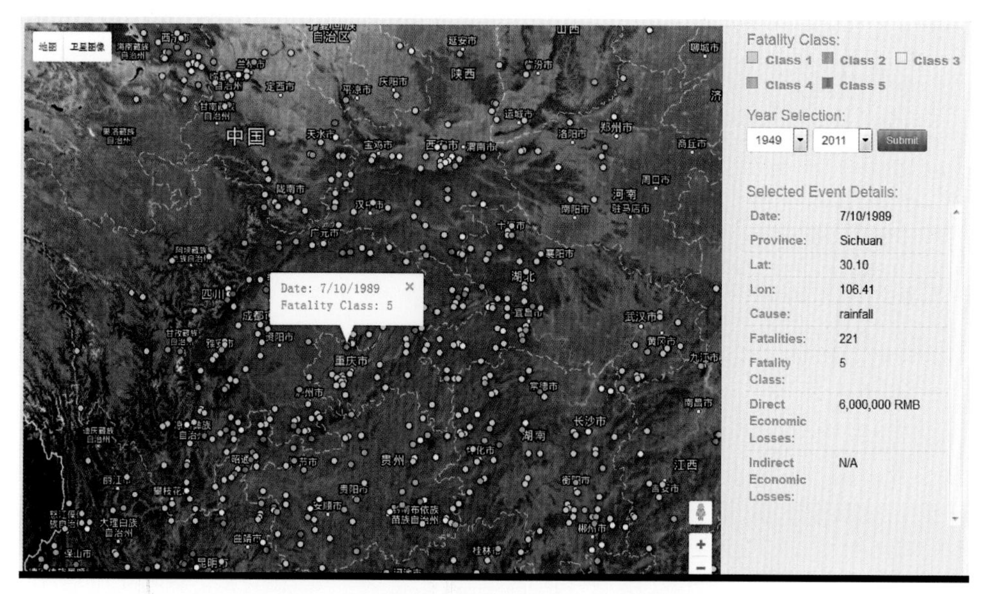

图 3.6　滑坡网络数据库系统——地图可视化

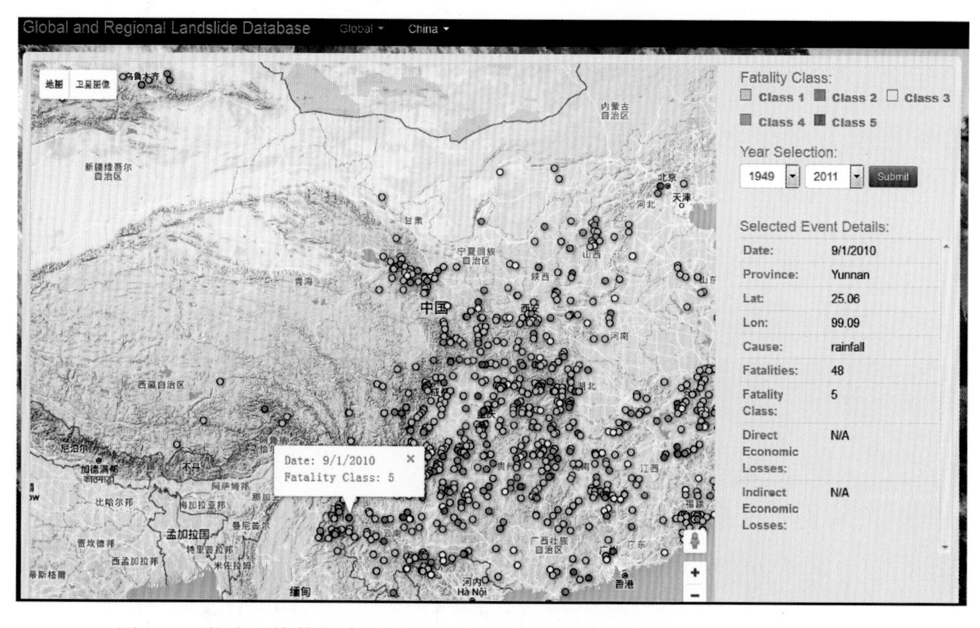

图 3.7　滑坡网络数据库系统——按年代显示滑坡数据(从 2000～2011 年)

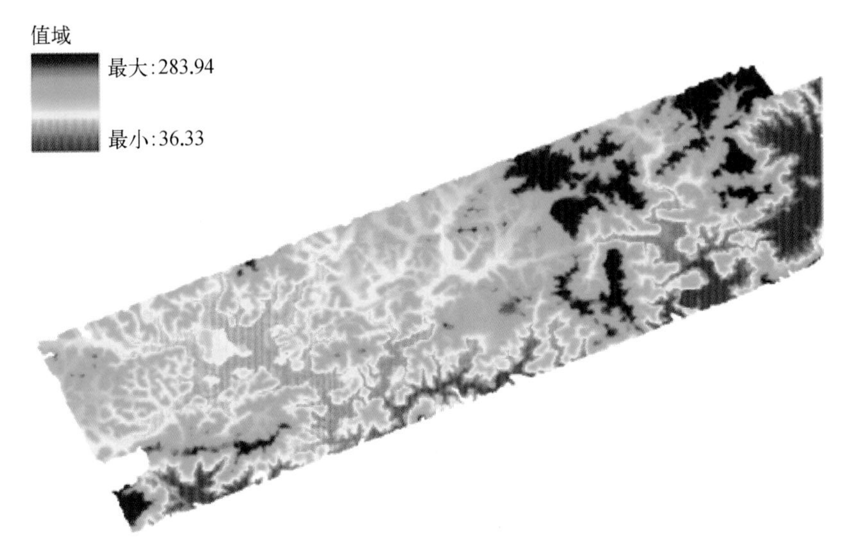

图 4.5　由点云数据得到的研究区 DEM

图 4.7　拼接后的研究区航空影像图

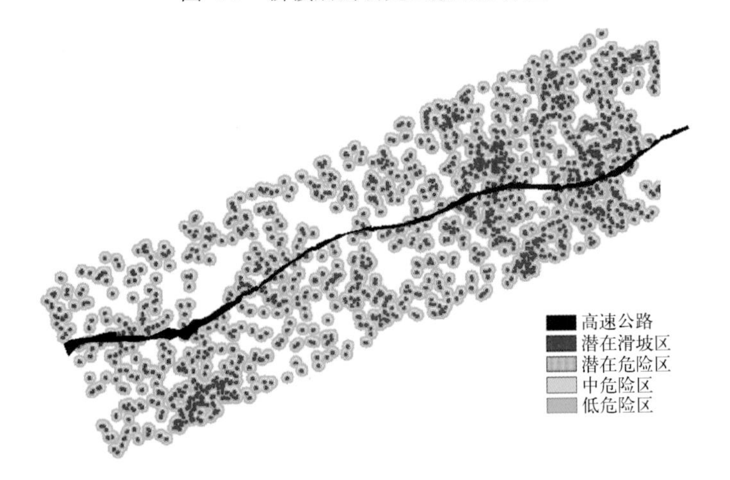

图 4.8　研究区潜在滑坡分布

图 4.9 建筑物最不适宜的区域分布

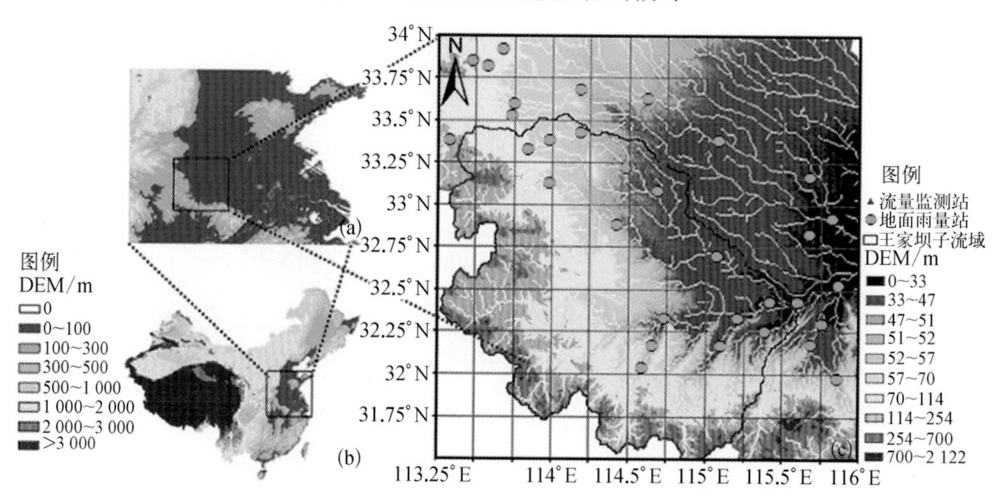

图 4.10 王家坝子流域及地面雨量站分布

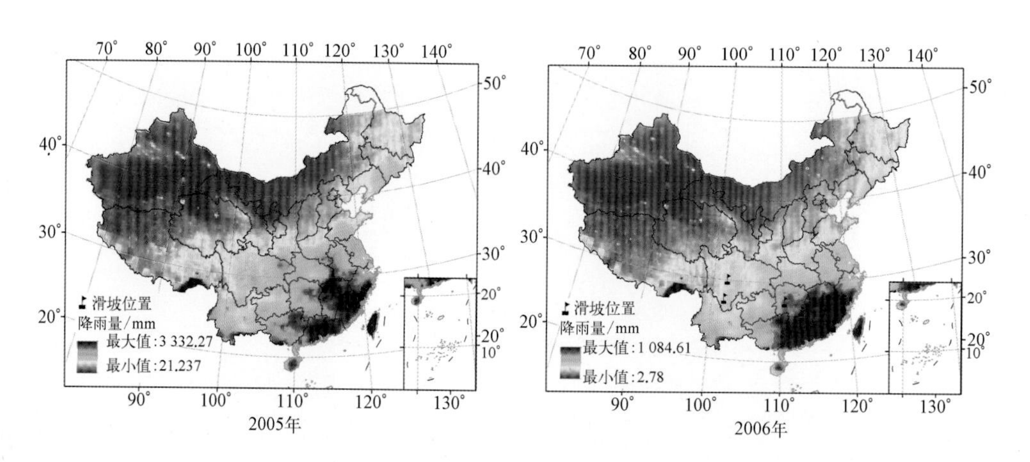

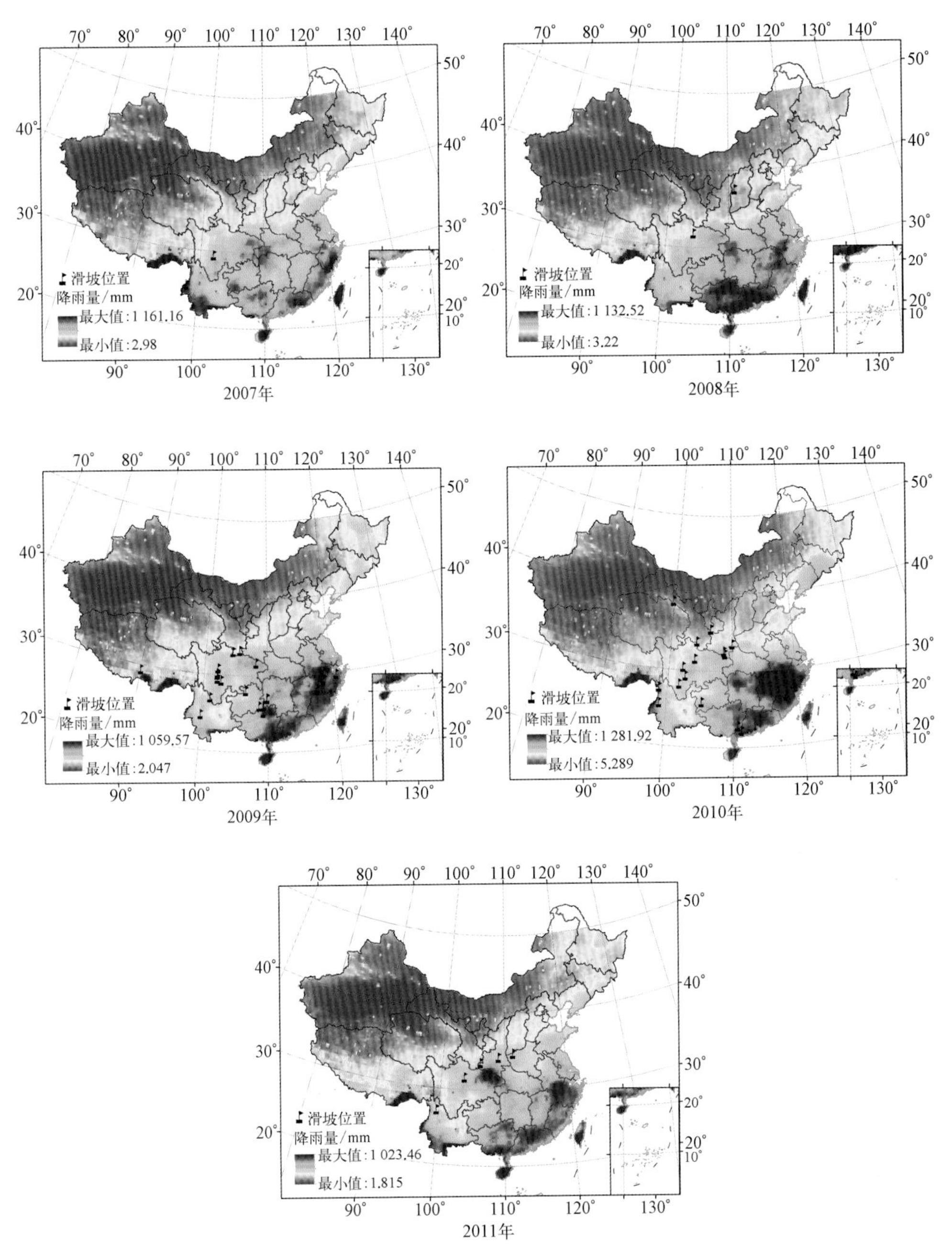

图 4.13　中国 2005～2011 年 6～9 月的降雨量(来自 3B42 数据)及典型滑坡分布的位置示意图

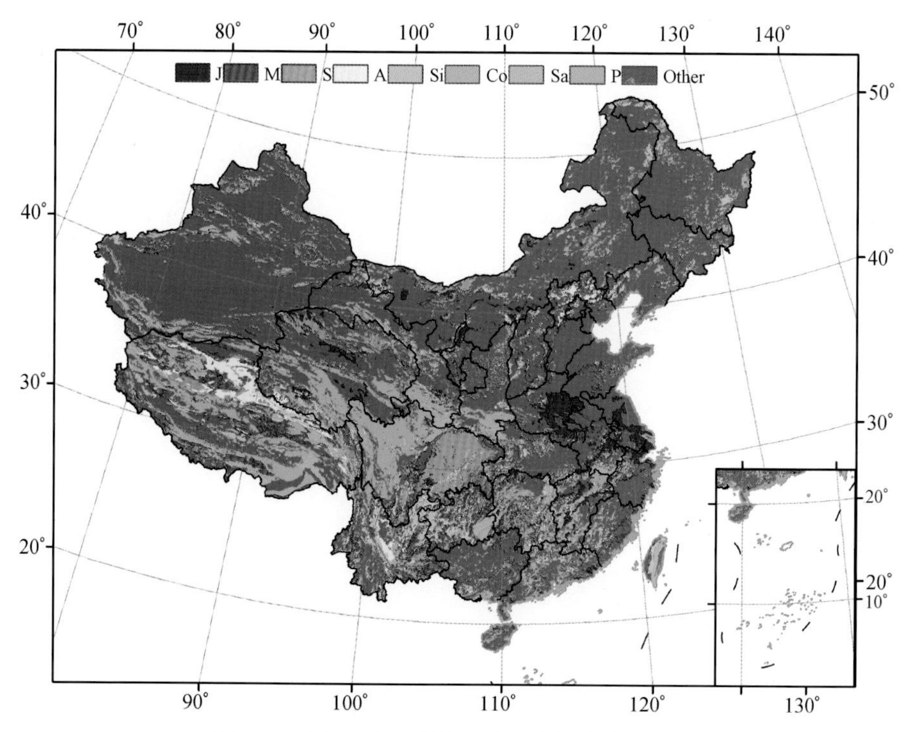

图 5.1　中国易产生滑坡的主要岩性分布示意图

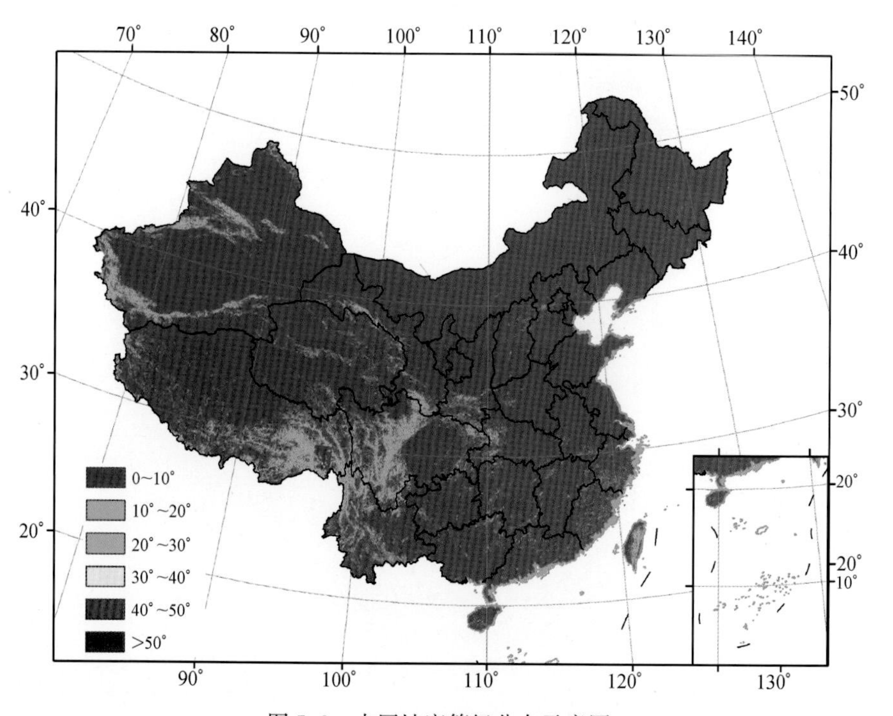

图 5.3　中国坡度等级分布示意图

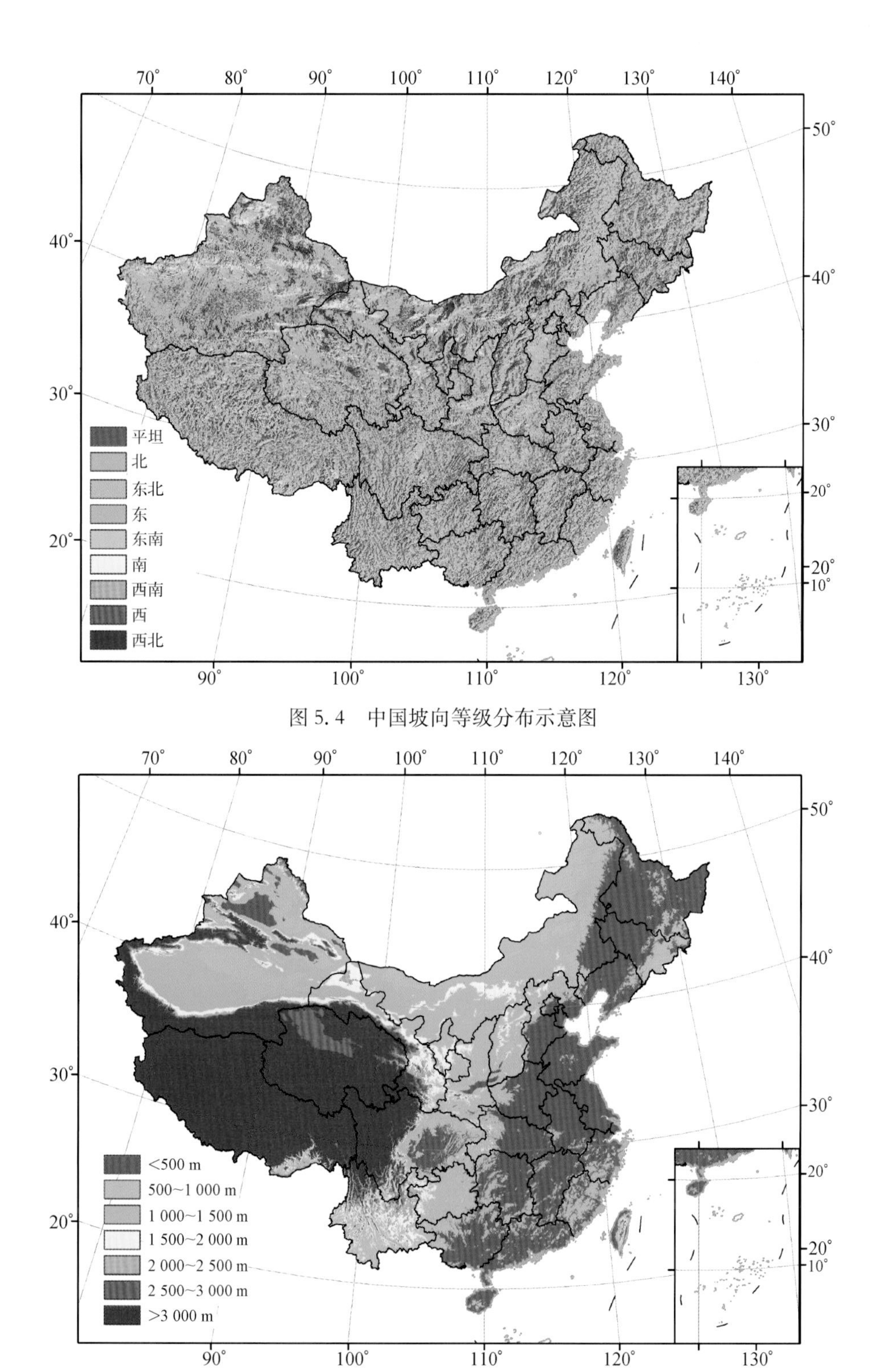

图 5.4　中国坡向等级分布示意图

图 5.5　中国海拔高度分布示意图

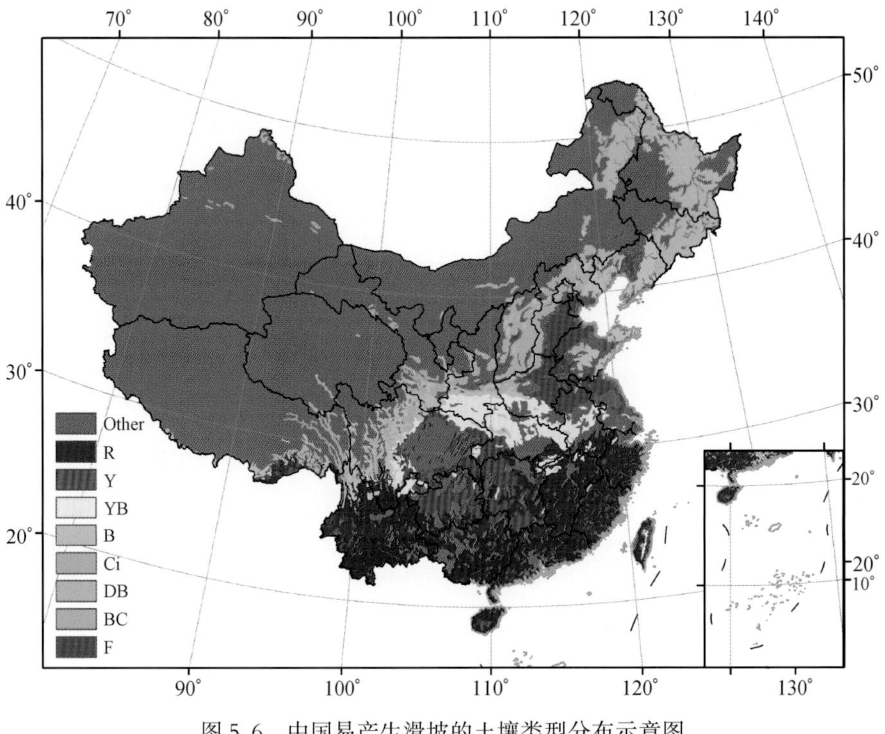

图 5.6　中国易产生滑坡的土壤类型分布示意图

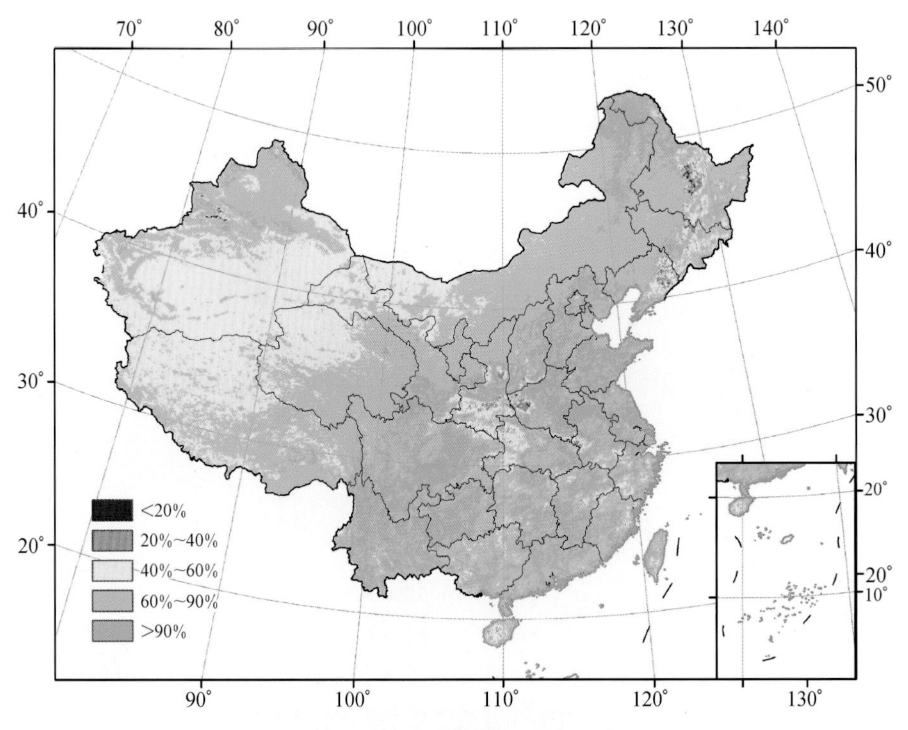

图 5.7　中国植被覆盖度等级示意图

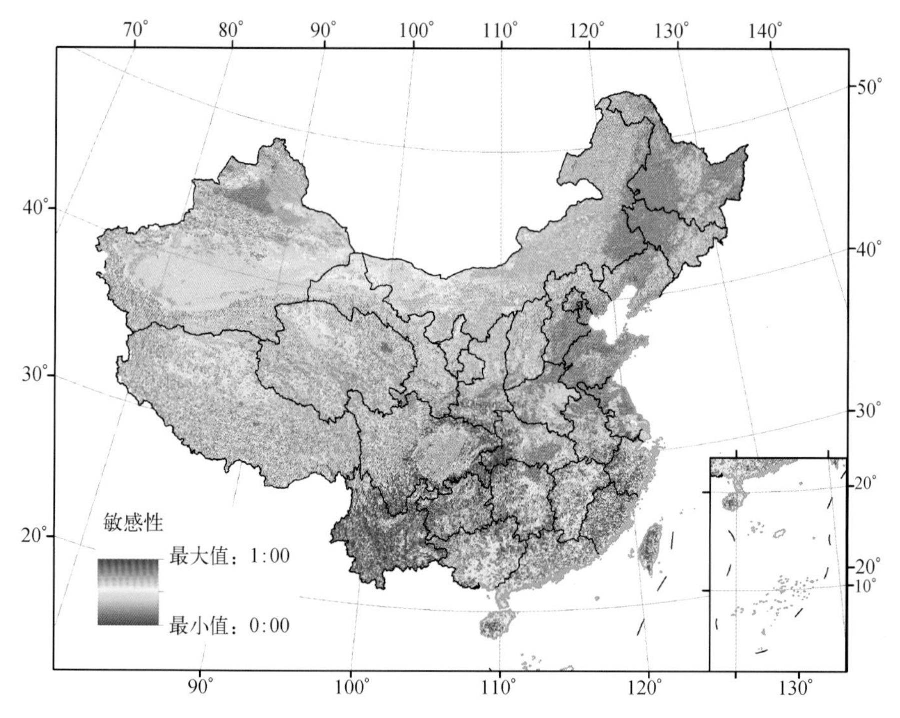

图 5.13　中国滑坡敏感性分布示意图

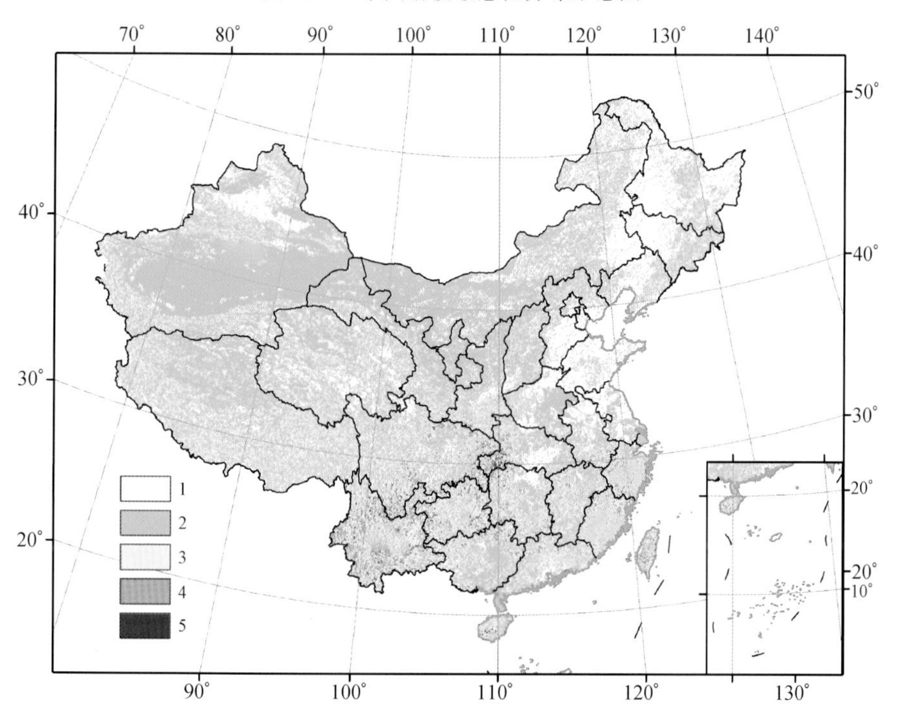

图 5.14　中国滑坡敏感性等级分布示意图

［1：0≤非常低＜0.2；2：0.2≤低＜0.4；3：0.4≤中等＜0.6；4：0.6≤高＜0.8；5：0.8≤非常高≤1.0］

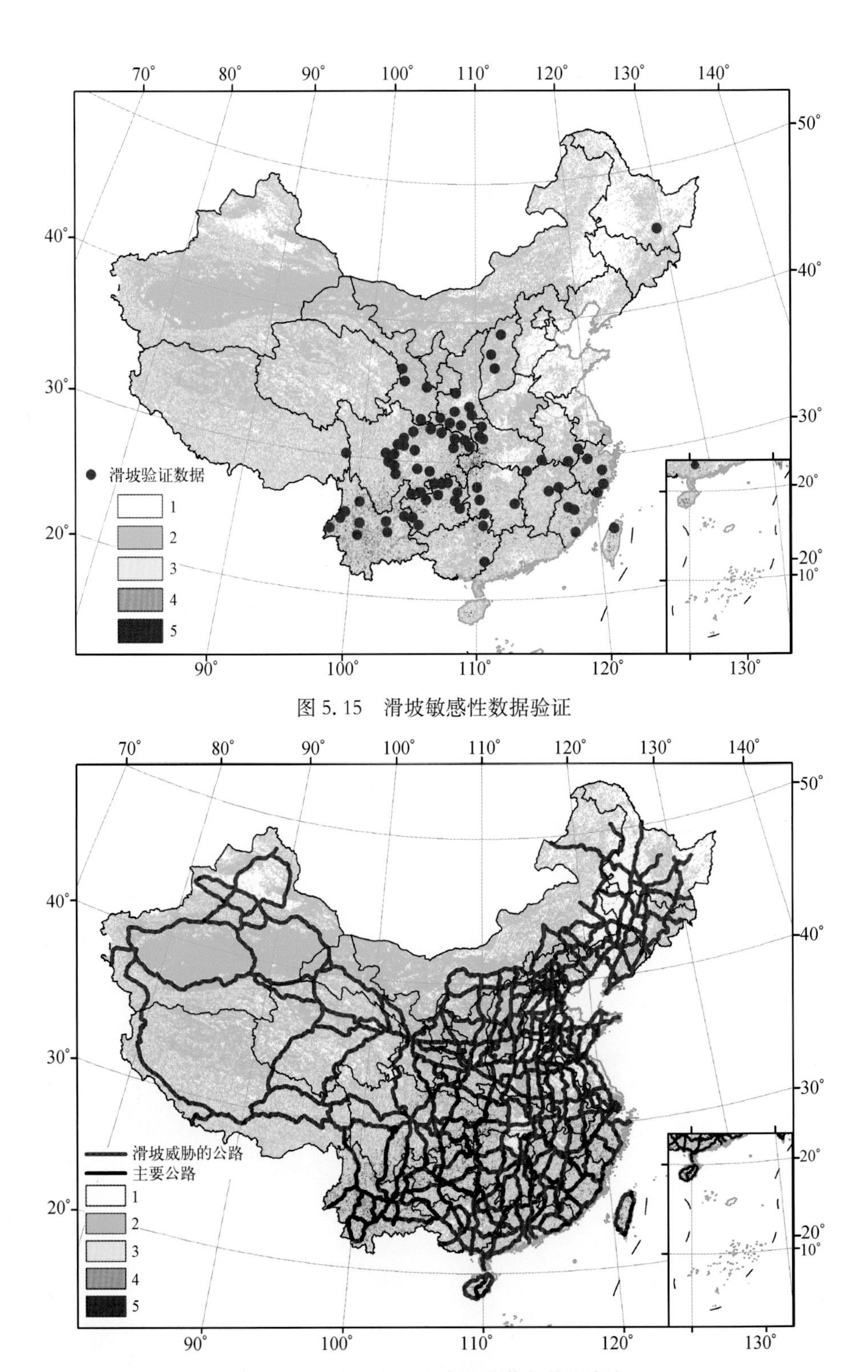

图 5.15　滑坡敏感性数据验证

图 5.17　中国主要公路网及潜在滑坡威胁

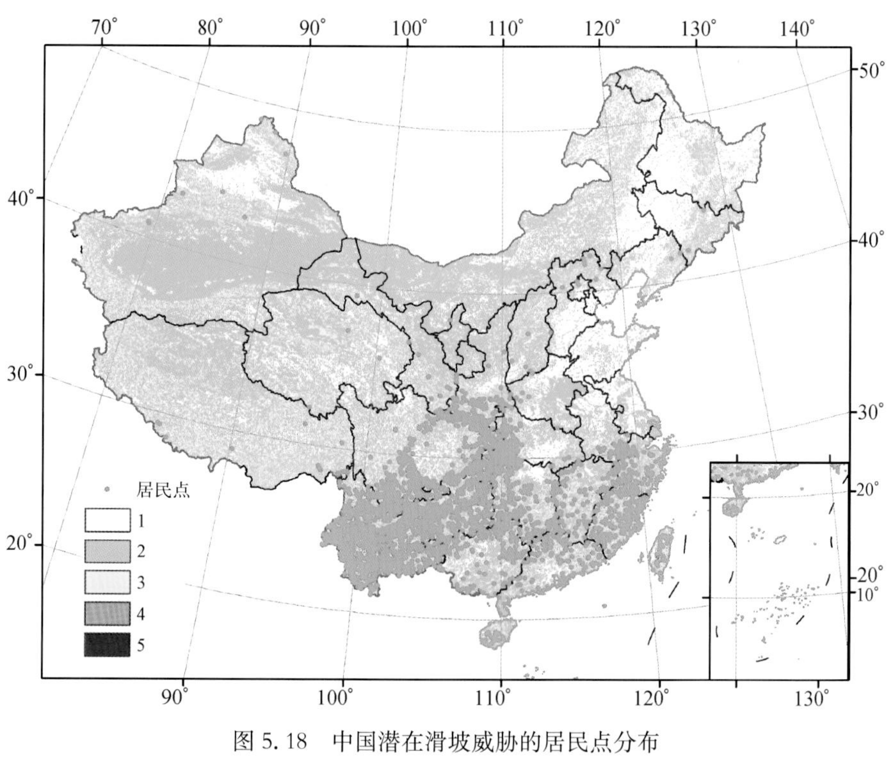

图 5.18　中国潜在滑坡威胁的居民点分布

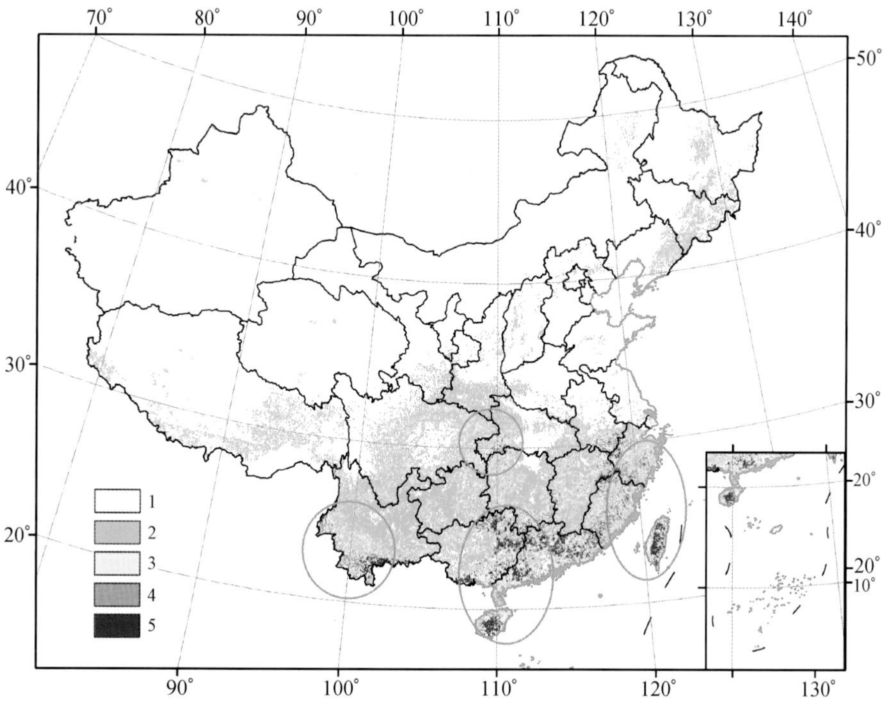

图 5.20　中国降雨滑坡危险性等级分布图

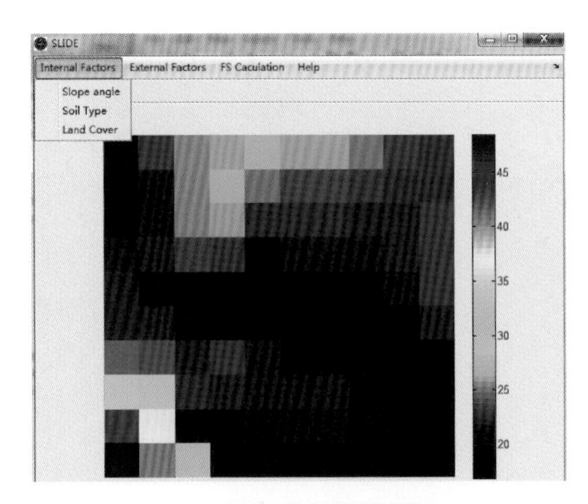

图 6.2　Ma - SLIDE 软件界面

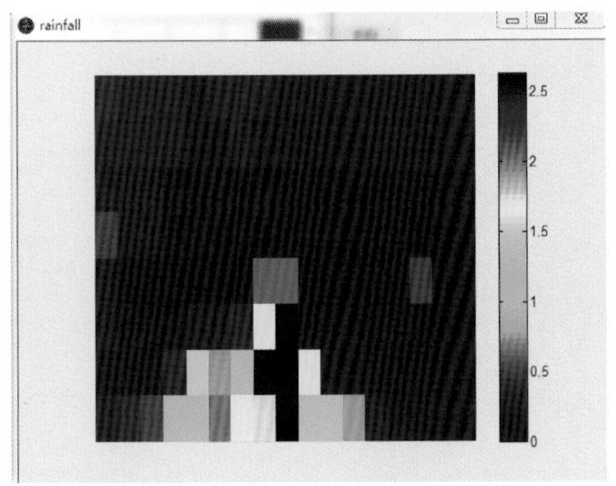

图 6.3　Rainfall 数据矩阵栅格表达形式

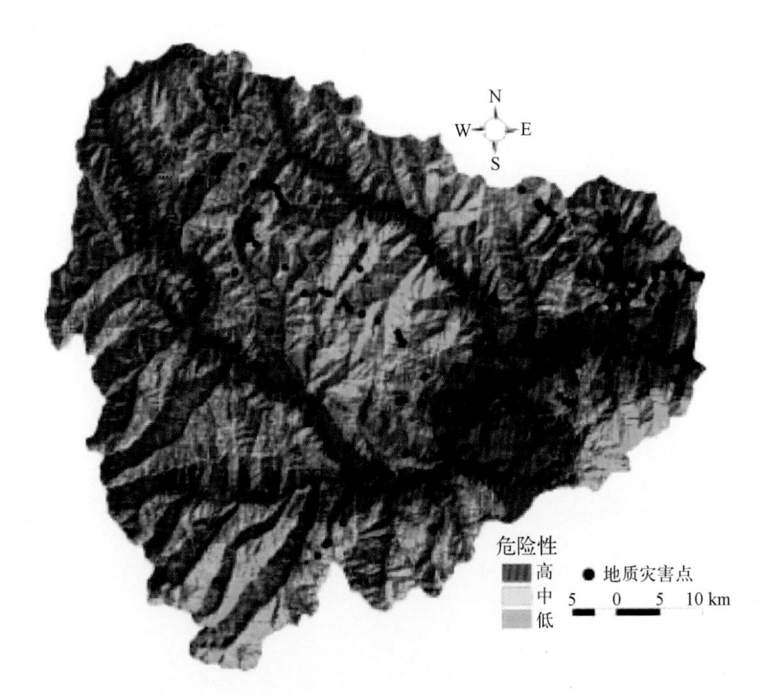

图 6.7　理县地质灾害危险性等级分布图

资料来源：熊德清，2009

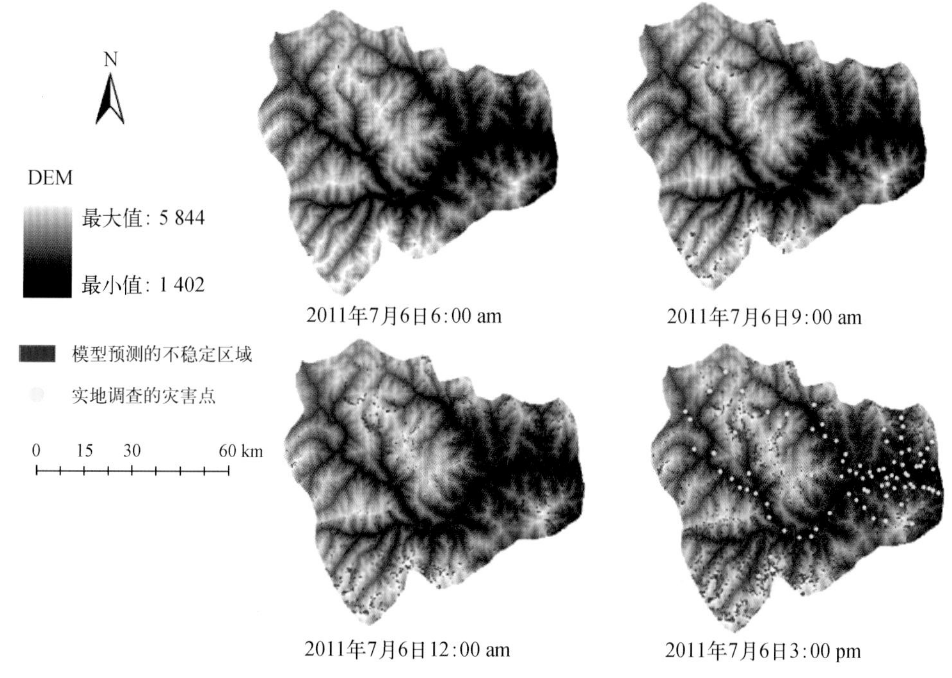

图 6.8 通过 SLIDE 模型计算得到的理县 4 个时段的不稳定区域

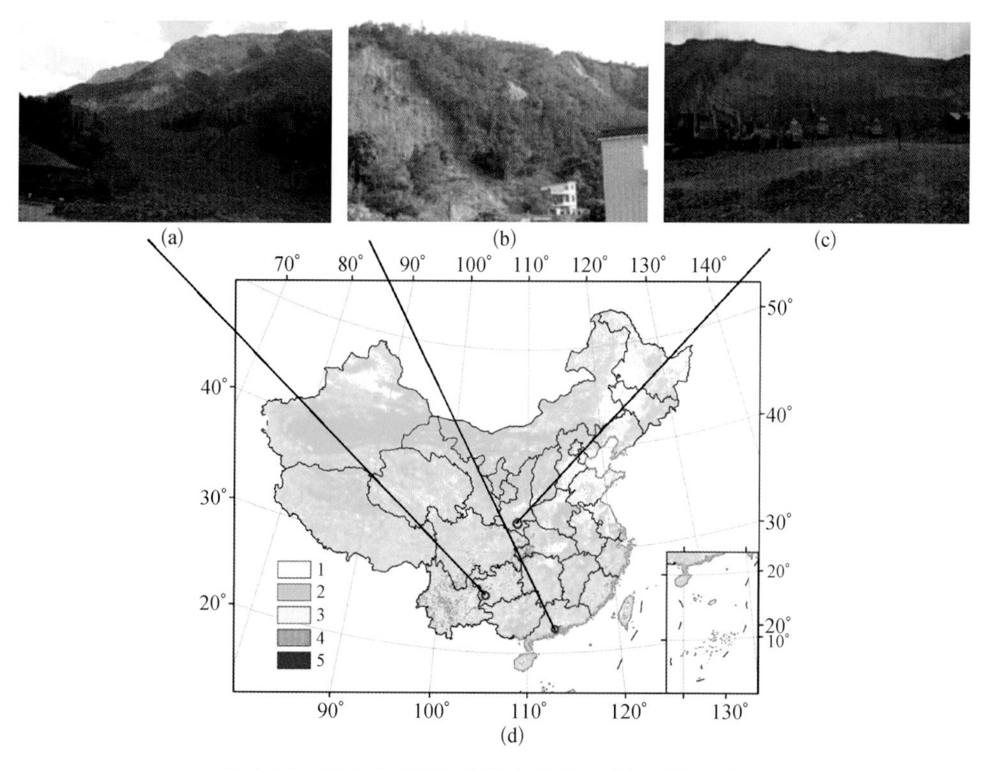

图 6.10 分布在降雨滑坡集中区的 3 起降雨滑坡事件

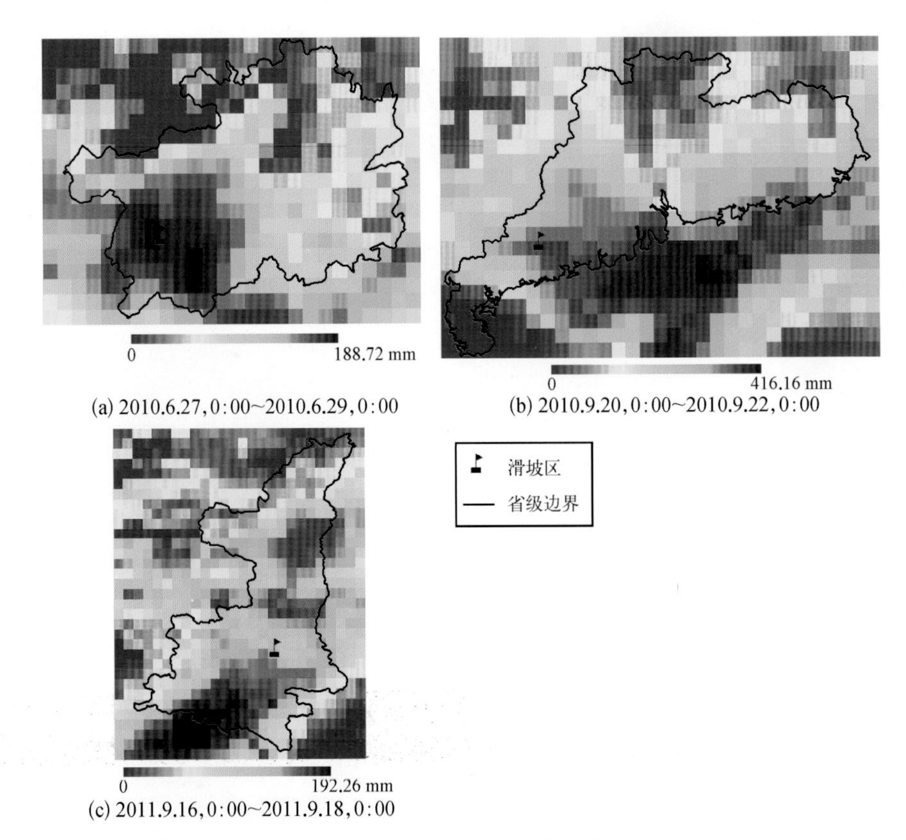

图 6.11　滑坡产生的 2 天内总降雨量